中国特色高水平高职学校项目建设成果

Welding

Quality Inspection

焊接质量检验

主　编　耿艳旭

副主编　吕　磊　汪明锐

参　编　郝　亮　宁亮亮

机械工业出版社
CHINA MACHINE PRESS

本书是依据教育部《高等职业学校专业教学标准（制造大类）》的要求，根据"焊接质量检验"课程教学的要求，配合学习情境式教学的需要，在总结高职教育教学经验基础上编写的高职类特色教材。

本书内容采用学习情境引领、任务驱动的形式进行编写。以典型焊接结构——空气储罐为载体，共设三个学习情境，分别为焊缝表面缺陷检测、压力容器焊缝内部缺陷检测、压力容器的泄漏、耐压和破坏性检测，主要介绍了焊缝的外观检测与渗透检测、焊缝的磁粉检测、焊缝的射线检测、焊缝的超声检测、空气储罐结构的泄漏、耐压和破坏性检测等内容。针对以上几种焊接检验方法设计了对应的情景任务、资讯查询、知识链接、任务实训和任务评价栏目，对现行使用的焊接检验标准进行了讲解。

本书可作为高职高专院校智能焊接技术专业的教材，也可作为与焊接专业相关的成人教育和继续教育教材，同时可供相关专业的师生和工程技术人员参考。

为便于学习，本书在每个教学情境后配有二维码链接，读者通过手机微信扫描二维码即可浏览、学习。

本书配有电子课件，凡选用本书作为授课教材的教师可登录机械工业出版社教育服务网 www.cmpedu.com，注册后免费下载。

图书在版编目（CIP）数据

焊接质量检验 / 耿艳旭主编. —北京：机械工业出版社，2022.3
（2025.1 重印）
中国特色高水平高职学校项目建设成果
ISBN 978-7-111-70340-2

Ⅰ.①焊… Ⅱ.①耿… Ⅲ.①焊接–质量检验–高等职业教育–教材
Ⅳ.①TG441.7

中国版本图书馆 CIP 数据核字（2022）第 042783 号

机械工业出版社（北京市百万庄大街 22 号　邮政编码 100037）
策划编辑：王海峰　于奇慧　责任编辑：王海峰
责任校对：陈　越　张　薇　封面设计：张　静
责任印制：张　博
北京建宏印刷有限公司印刷
2025 年 1 月第 1 版第 5 次印刷
184mm×260mm · 11.25 印张 · 257 千字
标准书号：ISBN 978-7-111-70340-2
定价：39.00 元

电话服务　　　　　　　　　网络服务
客服电话：010-88361066　　机　工　官　网：www.cmpbook.com
　　　　　010-88379833　　机　工　官　博：weibo.com/cmp1952
　　　　　010-68326294　　金　书　网：www.golden-book.com
封底无防伪标均为盗版　机工教育服务网：www.cmpedu.com

  中国特色高水平高职学校和专业建设计划（简称"双高计划"）是我国为建设一批引领改革、支撑发展、中国特色、世界水平的高等职业学校和骨干专业（群）而推出的重大决策建设工程。哈尔滨职业技术学院入选"双高计划"建设单位，对学院中国特色高水平学校建设进行顶层设计，编制了站位高端、理念领先的建设方案和任务书，并扎实开展了人才培养高地、特色专业群、高水平师资队伍与校企合作等项目建设，借鉴国际先进的教育教学理念，开发中国特色、国际标准的专业标准与规范，深入推动"三教改革"，组建模块化教学创新团队，实施"课程思政"，开展"课堂革命"，校企双元开发活页式、工作手册式、新形态教材。为适应智能时代先进教学手段应用需求，学校加大优质在线资源的建设，丰富教材的载体，为开发以工作过程为导向的优质特色教材奠定基础。

  按照教育部印发的《职业院校教材管理办法》要求，教材编写总体思路是：依据学校双高建设方案中教材建设规划、国家相关专业教学标准、专业相关职业标准及职业技能等级标准，服务学生成长成才和就业创业，以立德树人为根本任务，融入课程思政，对接相关产业发展需求，将企业应用的新技术、新工艺和新规范融入教材之中，教材编写遵循技术技能人才成长规律和学生认知特点，适应相关专业人才培养模式创新和优化课程体系的需要，注重以真实生产项目、典型工作任务、生产流程及典型工作案例等为载体开发教材内容体系，理论与实践有机融合，满足"做中学、做中教"的需要。

  本套教材是哈尔滨职业技术学院中国特色高水平高职学校项目建设的重要成果之一，也是哈尔滨职业技术学院教材改革和教法改革成效的集中体现，教材体例新颖，具有以下特色：

  第一，教材研发团队组建创新。按照学校教材建设统一要求，遴选教学经验丰富、课程改革成效突出的专业教师担任主编，确定了相关企业作为联合建设单位，形成了一支学校、行业、企业和教育领域高水平专业人才参与的开发团队，共同参与教材编写。

  第二，教材内容整体构建创新。教材内容体系精准对接国家专业教学标准、职业标准和职业技能等级标准，参照行业企业标准，有机融入新技术、新工艺、新规范，构建基于职业岗位工作需要的体现真实工作任务和流程的内容体系。

  第三，教材编写模式形式创新。与课程改革相配套，按照"工作过程系统化""项目+任务式""任务驱动式""CDIO 式"四类课程改革需要设计教材编写模式，创新新形态、活页式和工作手册式教材三大编写形式。

第四，教材编写实施载体创新。依据本相关专业教学标准和人才培养方案要求，在深入企业调研、岗位工作任务和职业能力分析基础上，按照"做中学、做中教"的编写思路，以企业典型工作任务为载体进行教学内容设计，将企业真实工作任务、业务流程、生产过程融入教材之中，同时开发了与教学内容配套的教学资源，以满足教师线上、线下混合式教学的需要。教材配套资源同时在相关教学平台上线，可随时进行下载，也可以满足学生在线自主学习的需要。

第五，教材评价体系构建创新。从培养学生良好的职业道德、综合职业能力与创新创业能力出发，设计并构建评价体系，注重过程考核以及由学生、教师、企业、行业、社会参与的多元评价，在学生技能评价上借助社会评价组织的"1+X"技能考核评价标准和成绩认定结果进行学分认定，每种教材根据专业特点设计了综合评价标准。

为确保教材质量，组建了中国特色高水平高职学校项目建设系列教材编审委员会。教材编审委员会由职业教育专家组成，同时聘请企业技术专家指导。组织了专业与课程专题研究组，建立了常态化质量监控机制，为提升教材的品质提供稳定支持，确保教材的质量。

本套教材是在学校骨干院校教材开发的基础上，经过几轮修改，融入课程思政内容和课堂革命理念，既具积累之深厚，又具改革之创新，凝聚了校企合作编写团队的集体智慧。本套教材由机械工业出版社出版，充分展示了课程改革成果，为更好地推进中国特色高水平高职学校和专业建设及课程改革做出积极贡献！

哈尔滨职业技术学院

中国特色高水平高职学校项目建设系列教材编审委员会

前　言

　　本书基于学习情境式的教学模式，与机械工业哈尔滨焊接培训中心、哈尔滨焊接研究所、哈尔滨压力容器厂等多家单位合作，结合企业的生产实际与高职教育教学特点，力求体现高等职业教育特色。

　　本书采用学习情境、任务驱动的模式，以典型焊接结构件作为检测载体，同时融入了现行的国家及行业标准、IWS——国际焊接技师标准，组织教材内容。

　　本书以空气储罐为载体，按照焊接检验的一般流程设计学习情境及工作任务，将焊接检验过程按照工作流程进行分解，根据典型工作任务，设置任务实施要求和学习内容，使学生系统地掌握焊接检验的特点及重点，熟悉焊接检验的基本过程，提高焊接检验的操作水平。

　　本书编写团队学术水平较高，组织构成合理，既有专职的专业教师，又有经验丰富的企业工程技术人员。其中3人具有国际焊接工程师资质，教学经验丰富，2人为行业企业专家，熟悉企业生产及组织管理。

　　本书配合课程考核贯穿于所有的工作任务，学生完成工作任务的情况都计入考核范围。评价采用多元评价的方式，同时配合教师评价、企业专家评价、学生互评和过程评价。

　　本书包括三个学习情境，即焊缝表面缺陷检测、压力容器焊缝内部缺陷检测、压力容器的泄漏、耐压和破坏性检测。所包含的焊接检验方法包括：焊缝的外观检测与渗透检测、焊缝的磁粉检测、焊缝的射线检测、焊缝的超声检测、焊接结构的耐压检测、焊接结构的泄漏检测等。

　　教学实施建议：教学参考学时24~48学时，建议采用"教、学、做一体化"的教学模式；教学方法建议采用引导文法、头脑风暴法、小组讨论法等行动导向教学法。

　　本书由耿艳旭担任主编，吕磊、汪明锐担任副主编，郝亮、宁亮亮也参加了编写工作。具体分工如下：学习情境1由耿艳旭编写，学习情境2由吕磊、汪明锐编写，学习情境3由郝亮、宁亮亮编写。全书由耿艳旭负责统稿，由哈尔滨职业技术学院智能焊接技术专业教材编审委员会审定。

　　本书在编写过程中，与有关企业进行合作，得到了企业专家和专业技术人员的大力支持，吸收和采纳了许多宝贵的意见和建议，在此表示衷心的感谢。由于编者水平有限，书中难免存在疏漏和不当之处，恳请读者批评指正。

编　者

（续）

序号	二维码名称	图形	页码	序号	二维码名称	图形	页码
15	超声检测原理		115	17	锻件探伤参数设置		115
16	超声波测厚仪的操作		115	18	Cobra 扫查架 小径管焊缝检测		115

学习情境 3
压力容器的泄漏、耐压和破坏性检测 ——————————— 124

焊接表面缺陷检测

📝 工作目标

通过本情境的学习，使学生具备以下的能力和水平：

1) 实施外观检测、渗透检测、磁粉检测的操作能力。

2) 分析外观检测、渗透检测、磁粉检测结果的能力。

3) 填写外观检测、渗透检测、磁粉检测报告的能力。

4) 利用现代化手段对信息进行收集整理的能力、与团队沟通合作的能力、语言表达能力。

📋 工作任务

1) 使用焊接检测尺、量具，完成对空气储罐部件上焊缝外形尺寸的检测，并记录检测结果。

2) 使用渗透检测装置及器材，完成对空气储罐部件上的焊缝进行渗透检测。

3) 使用磁粉检测装置及器材，完成对空气储罐部件上的焊缝进行磁粉检测。

📋 情境导入

某空气储罐生产企业，对空气储罐上的焊缝质量有相应的质量要求，作为焊接检测人员需按照检测标准及规定对该空气储罐进行检测。本情境针对焊缝的表面及近表面的质量问题进行检测，并给出检测结果，作为执行下一道工序的依据。焊缝表面及近表面检测的内容包括：焊缝的尺寸及外形检查、焊缝的渗透检测、焊缝的磁粉检测。本情境要求学生根据所掌握的知识，正确选择这三种检测的工艺参数，参照设备使用说明书正确使用焊接检测尺、渗透检测系统、磁粉检测设备。完成检测操作后，在检测报告上记录检测数据，依据相关标准对焊缝表面及近表面的焊接缺陷进行质量评定。图1-1为工作中的空气储罐。

图1-1 工作中的空气储罐

空气储罐筒体焊缝的外观检测与渗透检测

—— 任务单 ——

学习领域	焊接质量检验		
学习情境 1	焊缝表面缺陷检测	任务 1	空气储罐筒体焊缝的外观检测与渗透检测
任务学时		10 学时	

布置任务

工作目标	根据空气储罐筒体部件焊缝的尺寸设计要求设定表面检测项目及操作步骤，准备好外观检测的焊接检测尺、量具，对空气储罐筒体部件焊缝进行测量，并分析检测结果，填写质检报告；根据空气储罐筒体部件焊缝检测的要求设计渗透检测的工艺，准备好渗透检测系统，对空气储罐筒体部件焊缝进行检测，分析检测结果，填写质检报告。					
任务描述	完成焊接外观检测工艺编制；学会选择外观检测所需的检测工具；完成外观检测数据记录及检测质量评定；完成焊接渗透检测工艺编制，正确实施渗透检测操作，能够对完成对焊接检测结果的正确评定；正确记录操作过程、检测结果、完成质量检测报告的正确填写。					
学时安排	资讯 4 学时	计划 1 学时	决策 1 学时	实施 3 学时	检查 0.5 学时	评价 0.5 学时
提供资料	1.《国际焊接工程师培训教程》，哈尔滨焊培中心，2013。 2.《国际焊接技师培训教程》，哈尔滨焊培中心，2013。 3.《焊接检验》第 3 版，姚佳、李荣雪主编，机械工业出版社，2020。 4.《无损检测手册》第 2 版，李家伟主编，机械工业出版社，2012。 5. 利用网络资源进行咨询。					
对学生的要求	1. 焊接专业基础知识（焊接方法、工艺、生产），经历了专业实习，对焊接企业的产品及行业领域有一定的了解。 2. 具有独立思考、善于发现问题的良好习惯。能对任务书进行分析，能正确理解和描述目标要求。 3. 具有查询资料和市场调研能力，具备严谨求实和开拓创新的学习态度。					

资讯单

学习领域	焊接质量检验		
学习情境1	焊缝表面缺陷检测	任务1	空气储罐筒体焊缝的外观检测与渗透检测
资讯学时	4		
资讯方式	在图书馆杂志、教材、互联网及信息单上查询问题；咨询任课教师		
资讯内容	知识点	外观检测	问题1：焊件表面检测的主要项目有哪些？
			问题2：表面检测的及评定标准是什么？
			问题3：焊缝外观尺寸检测的工具有哪些？
			问题4：焊缝外观尺寸检测的步骤有哪些？
			问题5：如何使用焊接检测尺检测余高？
			问题6：如何使用焊接检测尺检测焊道宽度？
			问题7：如何使用焊接检测尺检测咬边？
			问题8：如何使用焊接检测尺检测 K 值？
		渗透检测	问题1：渗透检测的分类及特点是什么？
			问题2：渗透检测的特点有哪些？
			问题3：渗透检测的设备如何选用？
			问题4：渗透检测基本操作过程包括哪些内容？
			问题5：溶剂去除型渗透检测的灵敏度如何确定？
			问题6：如何对渗透检测缺陷进行评定？
	技能点	完成焊接外观检测工艺编制；学会选择外观检测所需的检测工具；完成外观检测数据记录及检测质量评定。	
		完成焊接渗透检测工艺编制，正确实施渗透检测操作，能够对焊接检测结果做出正确评定。正确记录操作过程、检测结果，完成质量检测报告的正确填写。	
	思政点	1. 培养学生爱国情怀和民族自豪感，爱国敬业、诚信友善。 2. 培养学生树立质量意识、安全意识，认识到我们每一个人都是工程建设质量的守护者。 3. 培养学生具有社会责任感和社会参与意识。	
	学生需要单独资讯的问题		

知识点 1 ▶▶ 焊缝外观检测

一、焊缝外观检测的概念

外观检测在国内实施得比较少，但在国际上却非常受重视，被视为无损检测第一阶段首要方法。按照国际惯例，要先做外观检测，以确认不会影响后面的检测，再接着做四大常规则。在进行外观检测之前，必须将焊道表面及其附近清理干净。焊缝外形尺寸的检测主要是发现焊缝外形尺寸上的偏差、焊缝表面的缺欠以及焊后的清理情况。外观检测是用人的眼睛或借助于光学仪器对工业产品表面进行观察或测量的检测方法。人眼观察是最通常和最简便的方法，也可以借助一些光学仪器和设备，用探视的方法进行观测。外观检测是焊接无损检测中重要的一个环节。

二、外观检测方法的分类

焊缝外观检测分为：目视检测和尺寸检测。

（一）焊缝的目视检测

目视检测是指用眼睛充分接近被检查的焊接件，直接观察和分辨焊接缺欠的形貌的检测方法。一般目视距离约为 600mm，眼睛与被检工件所成的视角不小于 30°，同时被检面的光照度不小于 350lx，推荐为 500lx。在检测过程中，可采用适当的照明设施，利用反光镜调节照射角度和观察角度，或借助低倍放大镜观察。当眼睛不能接近被焊工件时，可以借助工业内窥镜等进行观察检测。

目视检测不仅是对产品最终焊缝外观尺寸和表面质量的检测，对产品焊接过程中的每一道焊缝也应进行目视检测，如厚壁焊件进行多层焊时，为防止前道焊道的缺陷带到下一焊道，每焊完一道焊道便需进行目视检测。焊缝外形应均匀，焊道与焊道及焊道与母材之间应平滑过渡。

目视检测应对焊接结构的所有可见焊缝进行检测。焊接结束后，应及时清理焊渣和飞溅物，打磨焊道后，按表 1-1 中的项目进行检测。

表 1-1 焊缝目视检测项目

序号	检测项目	检测部位	质量要求	备注
1	清理	所有焊缝及其边缘	无熔渣、飞溅及阻碍外观检测的附着物	
2	几何形状	1. 焊缝与母材连接处	焊缝完整，不得有漏焊，连接处应圆滑过渡	可用焊接检测尺测量
		2. 焊缝形状和尺寸急剧变化的部位	焊缝高低、宽窄及结晶波纹应均匀	

（续）

序号	检测项目	检测部位	质量要求	备注
3	焊接缺陷	1. 整条焊缝和热影响区附近 2. 重点检查焊缝的接头部位、收弧部位及形状和尺寸突变部位	1. 无裂纹、夹渣、焊瘤、烧穿等缺陷 2. 气孔、咬边应符合有关标准规定	1. 接头部位易产生焊瘤、咬边等缺陷 2. 收弧部位易产生弧坑裂纹、夹渣和气孔等缺陷
4	伤痕补焊	1. 装配拉筋板拆除部位	无缺肉及遗留焊疤	
		2. 母材引弧部位	无表面气孔、裂纹、夹渣、疏松等缺陷	
		3. 母材机械划伤部位	划伤部位不应有明显棱角和沟槽，伤痕深度水超过有关标准的规定	

（二）焊缝的外形尺寸检测

根据 JB/T 7949—1999《钢结构焊缝外形尺寸》的规定，钢结构焊缝的外形尺寸一般包括以下几个方面：焊缝的外观成形、焊缝的宽度及余高、焊缝边缘直线度、焊缝表面凹凸差、焊缝的宽度差、角焊缝的焊脚尺寸等。

1. 焊缝的外形尺寸

（1）焊缝的宽度及余高 I形坡口对接焊缝如图1-2所示，其焊缝宽度 $c=b+2a$ 及余高 h 值应符合表1-2的规定。非I形坡口对接焊缝如图1-3所示，其焊缝宽度 $c=g+2a$ 及余高 h 值应符合表1-2的规定。

表 1-2 焊缝的外形尺寸   （单位：mm）

焊接方法	焊缝形式	焊缝宽度 c		焊缝余高
		c（最小）	c（最大）	
焊条电弧焊及气体保护焊	I形焊缝	b+4	b+8	平焊：0~3 其余：0~4
	非I形焊缝	g+4	g+8	

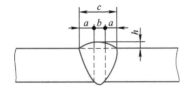

图 1-2 I形坡口对接焊缝尺寸

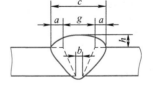

图 1-3 非I形坡口对接焊缝

（2）焊缝边缘直线度 在任意 300mm 连续焊缝长度内，焊缝边缘沿焊缝轴向的直线度，应符合表1-3中的规定。

表 1-3 直线度要求

焊接方法	焊缝边缘直线度 f/mm
埋弧焊	≤4
焊条电弧焊	≤3
气体保护焊	≤3

（3）焊缝表面凹凸度 在任意 25mm 焊缝长度范围内，焊缝最大余高和最小余高的差值不得大于 2mm。

（4）焊缝的宽度差 焊缝最大宽度和最小宽度的差值，在任意 50mm 焊缝长度范围内不得大于 4mm，整个焊缝长度范围内不得大于 5mm。

（5）角焊缝外形尺寸的检测 角焊缝外形尺寸包括焊脚尺寸、凹凸度和焊缝边缘直线度等，如图 1-4 所示。

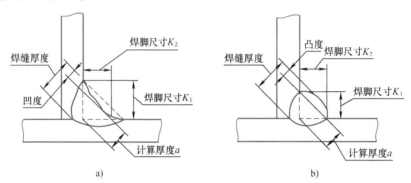

a)   b)

图 1-4 不同凹凸度的角焊缝尺寸

一般产品技术条件和图样上要求角焊缝为焊趾处圆滑过渡的凹形角焊缝。JB/T 7949《钢结构焊缝外形尺寸》标准中规定，角焊缝的焊脚尺寸由设计或有关技术文件注明，其焊脚尺寸 K 值的偏差应符合表 1-4 中的规定。

表 1-4 焊脚尺寸 K 值的偏差要求

焊接方法	尺寸偏差/mm	
	$K<12$	$K>12$
埋弧焊	+4	+5
焊条电弧焊及气体保护焊	+3	+4

焊接结构件、焊接容器及管道必须满足设计要求或符合有关标准的规定。因此，其焊缝外形尺寸检测应满足设计要求或符合有关标准（如 GB/T 150.1～150.4—2011《压力容器》）的规定。

例如焊接产品试样焊缝外形尺寸必须符合 GB/T 150.1～150.4—2011 及 NB/T 47015—2011 的规定；焊接工艺评定的试件应符合 NB/T 47014—2011 的规定；焊工考试的焊接试件焊缝外形尺寸的检测主要是根据《压力容器压力管道焊工考试与管理规则》进行评

定的。综合以上相关标准，压力容器焊接接头的焊缝外形尺寸质量要求如下。

1）形状、尺寸以及外观应符合技术标准和设计图样的规定。

2）焊缝与母材应圆滑过渡。

3）角焊缝的焊脚高度应符合技术标准和设计图样要求，外形应平缓过渡。

4）焊缝外形尺寸应满足表1-5的要求。

表1-5　压力容器焊接接头的焊缝外形尺寸　　　　　（单位：mm）

焊接方法	焊缝余高		焊缝余高差		焊缝宽度		焊道高度差	
	平焊	其他位置	平焊	其他位置	比坡口每侧增高	宽度差	平焊	其他位置
手工焊	0~3	0~4	≤2	≤3	0.5~2.5	≤3	—	—
（半）自动焊	0~3	0~3	≤2	≤2	2~4	≤2	—	—
堆焊	—	—	—	—	—	—	≤1.5	≤1.5

注：除电渣焊、摩擦焊、螺柱焊外，厚度大于或等于20mm的埋弧焊试件，余高可为0~4mm，角变形≤3°。

2. 焊缝的外形尺寸检测设备

焊接检测尺是目前对焊缝外形尺寸进行检测的主要量具，主要由主尺、高度尺、咬边深度尺和多用尺四部分组成，如图1-5所示，主要检测焊结构件的各种角度和焊缝余高、焊缝宽度，以及角焊缝的有效厚度、焊角尺寸、焊脚对称度等，如图1-5~图1-12所示。

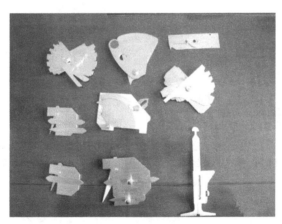

图1-5　焊接检测尺

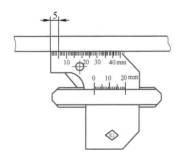

图1-6　测量焊缝宽度

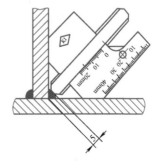

图1-7　测量角焊缝厚度

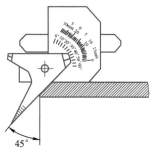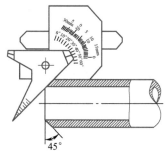

a) 测量型钢、板材坡口角度　　　　b) 测量管道坡口角度

图 1-8　测量坡口角度

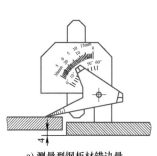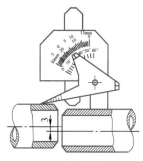

a) 测量型钢板材错边量　　　　b) 测量管道错边量

图 1-9　测量错边量

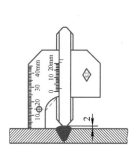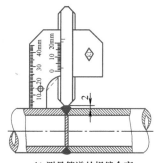

a) 测量型钢、板材的焊缝余高　　　　b) 测量管道的焊缝余高

图 1-10　测量焊缝余高

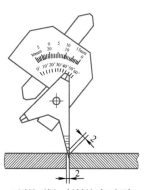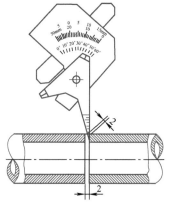

a) 测量型钢、板材的对口间隙　　　　b) 测量管道的对口间隙

图 1-11　测量对口间隙

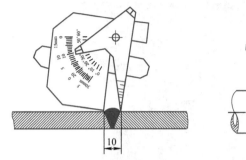 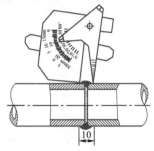

a) 测量型钢、板材的焊缝宽度　　　　　　b) 测量管道的焊缝宽度

图 1-12　测量焊缝宽度

三、焊缝的外观检测操作

试样材质为 20 钢，板厚为 12mm、试样尺寸为 φ150mm×100mm，2 块为一组，坡口采用机械加工方法加工成 Y 形坡口，单边坡口角度为 30°，钝边为 0.5~1.0mm。

（一）焊前试样尺寸测量

1. 准备试样

首先对试样尺寸及坡口形式进行复检，先将坡口及其附近宽 15mm 范围内清理干净，然后用焊接检测尺对坡口角度进行测量。

2. 组对试样

将两块试样组对好并定位焊一点，用焊接检测尺对错边量进行检测；用焊接检测尺测量钝边和间隙。

3. 焊接试样

用单面焊双面成形的焊接技术焊接试样。

4. 清理试样

先将焊缝及其附近 10~20mm 范围内的熔渣、飞溅物和污物用清渣锤、钢丝刷等工具清除干净。

（二）焊缝表面检查

1. 目视检测

可以借助检查工具或用低倍放大镜（不大于 5 倍）观察焊接工件，如图 1-13 所示。对整条焊缝的表面成形情况及外观尺寸进行目视检测，观察其整条焊缝的直线度情况、余高、宽窄、凹凸是否均匀，并用石笔圈出余高过高、过低，焊缝过宽、过窄等处。同时，仔细检查对接焊缝有无表面缺欠，如咬边、表面夹渣、表面气孔、表面裂纹、未熔合、未焊透等，并用石笔标出，做好标记。

2. 尺寸检测

对于焊缝正、反两面的余高过高、过低，焊缝过宽、过窄等处进行检测，如图 1-14 所示。对于根部焊缝的焊接缺欠应进行重点检查，如咬边、裂纹、气孔、未焊透等，并用石笔圈出，做好标记。

图 1-13　目视检测

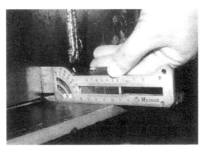

a) 余高尺寸检测

b) 边界尺寸检测

c) 焊脚尺寸检测

d) 焊缝厚度检测

图 1-14　外观尺寸测量

3. 总结

对于尺寸超标处及表面缺欠处，应做好标记，如图 1-15 所示。检测合格则进入下一道工序；检测不合格则需返修。

图 1-15　外观检测后标记

4. 检测的数据记录

检测数据均应进行记录，将数据填写在焊缝外形尺寸检测数据记录卡上，见表1-6，对于不合格的数据必须进行标记，每一检测数据需要进行2~3次确认。

表1-6　焊缝外形尺寸检测数据记录卡

产品名称			焊缝编号		焊工号	
材质			焊接方法		施焊日期	
焊缝成形						
焊缝余高/mm	正面			余高差/mm	正面	
	背面				背面	
焊缝宽度/mm	正面			宽窄差/mm	正面	
	背面				背面	
焊脚尺寸/mm	/			错边量/mm		
其他	/					
检测结果						
备注	按照图样要求、GB/T 150—2011 和 NB/T 47014—2011 规定评定					
检测员				检测日期		

知识点 **2** ▶▶ 渗透检测

一、渗透检测概述

（一）渗透检测原理

如果在玻璃板上放一滴水银，它总是会收缩成小球，能够滚来滚去而不润湿玻璃，这种现象称为不润湿现象。对玻璃来说，水银是不润湿液体。如果在清洁的玻璃板上放一滴水，它非但不收缩成小球，而且要向外扩展，形成薄膜，这种现象称为润湿现象。水是玻璃的润湿液体。

渗透检测是一种以润湿作用原理为基础的检查表面开口缺陷的无损检测方法。将溶有着色染料或荧光染料的渗透剂施加于工件表面，由于润湿的作用，渗透剂渗入到各类开口至表面的微小缺陷中，清除附着于工件表面上多余的渗透剂，干燥后再施加显像剂，缺陷中的渗透剂重新回渗到工件表面上，形成放大了的缺陷显示，外观即可检测出缺陷的形状和分布，如图1-16所示。

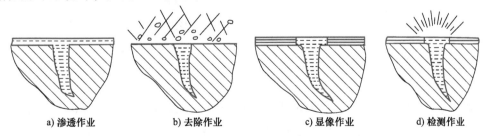

a) 渗透作业　　　　b) 去除作业　　　　c) 显像作业　　　　d) 检测作业

图 1-16　渗透检测原理

（二）渗透检测方法的分类

1. 根据渗透剂所含染料成分分类

主要包括荧光法和着色法两类。渗透剂内含荧光物质，在黑光灯下观察，缺陷处可发出荧光的方法为荧光法。渗透剂内含有色染料，缺陷图像在白光或日光下显色的方法为着色法。也有荧光着色法，即兼备荧光和着色两种方法的特点，缺陷图像在白光或日光下能显色，在紫外线下又可发出荧光。

2. 根据渗透剂清洗方法分类

主要包括水洗型、后乳化型和溶剂去除型三类。水洗型渗透法即零件表面多余的渗透剂可直接用水洗掉；后乳化型渗透法的渗透剂不能直接用水从零件表面洗掉，必须增加一道乳化工序，即零件表面上多余的渗透剂要用乳化剂"乳化"后，才可以用水洗掉；溶剂去除型渗透法是用有机溶剂清洗零件表面多余的渗透剂。

3. 根据显像剂类型分类

主要包括干式显像法、湿式显像法和快干式显像法三类。干式显像法是以白色细微无机粉末（MgO、ZnO、TiO_2、高岭土等）作为显像剂，一般配合荧光液使用；湿式显像剂是将干粉显像剂悬浮于水中（水悬浮显像剂）或显像剂结晶粉末溶解在水中（水溶性显像剂）两种方法制得的；快干式显像剂也称为溶剂悬浮显像剂，是将显像剂粉末加入易挥发溶剂中制得的。此外，还有塑料薄膜显像剂，也有不使用显像剂而自显像型的渗透剂。

渗透检测方法的分类较多，广泛使用的分类法是根据渗透剂的种类、多余渗透剂的去除方法和显像方法进行划分，见表1-7。

表1-7　渗透检测的分类

类型	分类名称	
按渗透剂分类	荧光渗透检测	水洗型荧光检测 FA
		后乳化型荧光检测 FB
		溶剂去除型荧光检测 FC
	着色渗透检测	水洗型着色检测 VA
		后乳化型着色检测 VB
		溶剂去除型着色检测 VC
按显像剂分类	干式显像法 D	
	湿式显像法 W	
	快干式显像法 S	
	无显像剂显像法 N	

（三）渗透检测方法的特点

1. 渗透检测的优点

渗透检测可检查非多孔性材料的表面开口缺陷，如裂纹、折叠、气孔、冷隔和疏松等。它不受材料组织结构和化学成分的限制，不仅可以检查有色金属，还可以检查塑料、陶瓷及玻璃等非多孔性材料，检测灵敏度较高；超高灵敏度的渗透检测剂可清晰显示小于微米级的缺陷。使用着色法时，可在没有电源的场合工作，特别是采用喷罐设备，操作简单。采用水洗法时，检查速度快，可检查表面较粗糙的工件，成本较低。显示直观，容易判断，一次操作可检查出任何方向的表面开口缺陷。

2. 渗透检测的局限性

渗透检测也存在一定的局限性，它只能检测工件表面开口缺陷分布，难以确定缺陷的实际深度，一般要配合其他检测方法才能最终确定缺陷性质。对于被污染物堵塞或经机械处理（如喷丸和研磨等）后开口被封闭的缺陷，不能有效地检出。它也不适用于检查多孔性或疏松材料制成的工件和表面过于粗糙的工件。

（四）渗透检测的应用

着色渗透检测使用的渗透剂一般是采用红色颜料配制而成的油状液体，在自然光（白色光）线的照射下就能观察到缺陷显示痕迹，只需要在明亮的光线照射下进行观察即可。着色渗透检测法较荧光渗透检测法使用方便，适应面广，尤其适宜于远离电源的场合使用。着色渗透检测法的不足之处是检测灵敏度低于荧光渗透检测法。

由于着色渗透检测一般用于现场作业时工件表面质量的检测，而溶剂去除型着色渗透检测法在操作过程中不需要电源和水源，且操作方便，检测灵敏度优于另两种着色渗透检测法，所以在现代工业检测中被广泛应用。但溶剂去除型检测法不如水洗型检测法容易将工件表面多余的渗透剂清洗干净。乳化型检测法也因为多一道乳化工序而显得操作不便，而少有使用。

荧光渗透检测使用的渗透剂主要采用黄绿色荧光颜料配制而成的液体。荧光渗透检测的渗透、清洗、显像步骤与着色渗透检测相仿，观察则在波长为 3 650nm 的紫外线照射下进行，缺陷显示呈黄绿色的荧光痕迹。这种渗透检测的检测灵敏度较着色渗透检测高，且缺陷分辨明显，常应用于重要工业部门的零件表面质量的检测。其不足之处是在观察时要求工作场所光线暗淡且在紫外线照射下进行观察，人眼容易疲劳，并且紫外线长期照射对人体皮肤有一定影响，检测适用面较着色渗透检测法窄。

荧光渗透检测的灵敏度较高，所以常应用于重要工业（航空航天）的零件表面质量检测。由于工件成批生产且工件尺寸较小，所以往往在生产流水线上作业。各道操作工序基本上采用浸渍法。因此，水洗型和后乳化型荧光渗透检测法被广泛应用，而溶剂去除荧光检测法由于清洗不宜采用浸渍法（易造成清洗过度）及清洗较困难，因此一般不采用。表 1-8 列出了渗透检测方法、渗透剂种类与适用范围。

表 1-8　渗透检测方法、渗透剂种类与适用范围

方法名称	渗透剂种类	特点与应用范围
荧光渗透检测	水洗型荧光渗透剂	零件表面上多余的荧光渗透剂可直接用水清洗掉。在紫外线下，缺陷有明显的荧光痕迹，易于水洗，检查速度快。适用于中小件的批量检测
	后乳化型荧光渗透剂	零件表面上多余的荧光渗透剂要用乳化剂乳化处理后方能水洗清除。有极明亮的荧光痕迹，灵敏度很高。适用于高质量的检测
	溶剂去除型荧光渗透剂	零件表面上多余的荧光渗透剂要用溶剂去除。检测成本高，一般不用

（续）

方法名称	渗透剂种类	特点与应用范围
着色渗透检测	水洗型着色渗透剂	与水洗型荧光渗透剂相似，不需要紫外线光源
	后乳化型着色渗透剂	与后乳化型荧光渗透剂相似，不需要紫外线光源
	溶剂去除型着色渗透剂	一般装在喷罐中，便于携带。广泛用于无水区高空、野外结构的焊缝检测

二、渗透检测装置及器材

（一）渗透检测装置

1. 便携式装置

主要是压力喷罐，多用于现场检查。便携式设备一般是一个小箱子，内装有渗透剂喷罐、去除剂喷罐和显像剂喷罐，如图1-17所示。使用喷罐的注意事项：喷罐应与工件表面保持一定距离，太近会使检测剂施加不均匀；喷罐不宜靠近火源、热源处，以防爆炸；处置空喷罐前，应先破坏使其泄漏。

图1-17 便携式渗透检测装置

2. 分离式装置

分离式装置的流水作业线通用性强，劳动生产率较整体化布置高，当检测方法需要变更时，可以重新改变原设计方案，以适应各种工件的渗透检测。分离式检测装置由预处理装置、渗透装置、乳化装置、清洗装置、显像装置、干燥装置、检测室和后处理装置按渗透检测的需要组成。荧光渗透检测时，在检测室中装有紫外线照射装置。如图1-18所示为分离式荧光渗透检测装置。

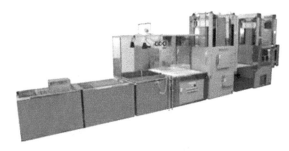

图1-18 分离式荧光渗透检测装置

3. 固定式装置

当工作场所流动性不大，工件数量较多，要求布置流水作业线时，一般采用固定式检测装置，所采用的检测检测方法一般为水洗型或后乳化型渗透检测。图 1-19 所示的设计和布置是按水洗型渗透——湿式显像检测方法要求布置的，包括预处理、干燥、渗透、排液、水洗、湿式显像、冷却、观察等装置。

这种布置一般在专业性较强的场合下采用。在这些专用的渗透检测设备上不宜多安排操作人员，一般宜 2~3 人，否则易造成人工浪费及管理混乱。大批量生产时，需要连续批量地进行渗透检测，可采用高效率的自动操作整体型装置。

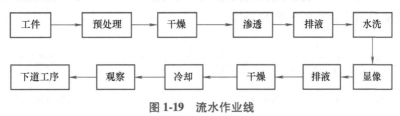

图 1-19　流水作业线

（二）渗透检测照明装置

1. 白光灯

着色检测用日光灯或白光照明，光照度不低于 500lx，在没有照度计测量的情况下，可用 80W 的日光灯在 1m 远处的光照度（既 500lx）作为参考。

2. 紫外线灯

荧光检测需要在暗室内使用紫外线激发荧光。紫外线灯一般采用水银石英灯。水银石英灯可以分成固定式（功率为 400W）和便携式（功率为 100W 和 500W）两种。

（三）渗透检测材料

渗透检测材料包括渗透剂、去除剂和显像剂，其组成和性能要求见表 1-9。

表 1-9　渗透检测材料的组成和性能要求

渗透检测材料	组成特点	性能要求
渗透剂	一般由颜料、溶剂、乳化剂，以及多种改善渗透性能的附加成分组成	渗透力强、鲜艳的颜色或鲜明的荧光，清洗性能好，并易于从缺陷中吸出
去除剂	水洗型去除剂主要是水 后乳化型去除剂主要为乳化剂和水，乳化剂以表面活性剂为主，并附加有调整黏度等的溶剂 溶剂去除型去除剂主要是有机溶剂	乳化剂应易于去除渗透剂，黏度适中，有良好的洗涤作用，外观易与渗透剂区分，性能稳定，无腐蚀，闪点高，无毒，对渗透剂溶解度大，有一定的挥发性和表面湿润性，不干扰渗透剂的功能
显像剂	干式显像剂为粒状白色无机粉末，如氧化镁、氧化钛粉等 湿式显像剂为显像粉末溶解水中的悬浮液、附加润湿剂、分散剂及防腐剂等 快干式显像剂是将显像粉末加在挥发性有机溶剂中，附加有限制剂和稀释剂等	各种显像剂都应满足： 显像粉末呈微粒状，易形成均匀薄层 与渗透剂有高的衬度对比 吸湿能力强，吸湿速度快 性能够稳定，无腐蚀，对人体无害

注：1. 检测镍合金时，检测剂的硫含量均不应超过残留物质量的 1%（质量分数）。

2. 检测奥氏体型不锈钢或钛合金焊缝时，各检测剂的氯和氟含量之和，应不超过残留物质量的 1%（质量分数）。

在渗透检测中，渗透剂、去除剂和显像剂应选用同一制造厂生产的产品。这样的系列材料称为一个族组。只有同一族组的材料配合使用才能得到满意的检测效果。不同族组的材料混合使用有可能因发生化学反应而降低检测灵敏度。

（四）灵敏度试块

渗透灵敏度试块是指带有人工缺陷或自然缺陷的试件，用于比较、衡量、确定渗透检测材料和渗透检测灵敏度，检测渗透检测材料的性能及显示缺陷痕迹的能力等。常用渗透检测灵敏度试块有镀铬试块和铝合金试块，这两种试块都有人工缺陷。根据试块的材料和制造工艺的不同，将渗透检测灵敏度试块划分为 A、B 和 C 三种类型，表1-10 介绍了渗透检测灵敏度试块的参数和用途。

表1-10　常用渗透检测灵敏度试块的参数和用途

试块名称	型号	试块材料	试块尺寸/mm	用途
铝合金淬火试块	A	铝合金	50×75 厚度 8~10	灵敏度对比，综合性能比较
不锈钢镀铬辐射状裂纹试块	B	1Cr18Ni9Ti 单面镀铬	130×25×4 镀层厚度 0.025	校正操作方法和工艺系统灵敏度
黄铜板镀铬裂纹试块	C	黄铜镀铬	100×70×4 镀层厚度 0.02~0.05	鉴别渗透剂性能和确定灵敏度等级

一般情况下，做过着色检测的试块不宜再做荧光渗透检测，反之亦然，以免残存的着色染料减小甚至遮盖荧光物质的发光亮度。试块使用后必须彻底清洗。清洗后的试块上不应留有任何荧光或着色渗透剂。为防止试块污染，可将其浸泡在丙酮与无水酒精的混合液（体积比为 1∶1）中，或用其他防污方法保存。

三、渗透检测工艺

（一）渗透检测工艺顺序

对同一工件进行磁粉检测以后再进行渗透检测是不合适的。对渗透检测来说，湿磁粉也是一种污染物，特别是在强磁场的作用下，磁粉会堵塞缺陷，而且这些磁粉的去除是比较困难的，只有在充分退磁以后才能有效去除。因此，对于同一工件，如需同时进行渗透检测和磁粉检测，应先进行渗透检测，然后再进行磁粉检测。如果工件同时需要进行渗透检测和超声检测，也应先进行渗透检测，然后再进行超声检测。因为超声检测所用到的耦合剂，对渗透检测来说也是一种污染物。

（二）渗透检测方法的选择

不同的渗透剂适用于不同的检测对象和条件。如水洗型荧光渗透剂较适用于粗糙表面和形状复杂的工件，但其检测结果的重复显示性较差；后乳化型荧光渗透剂能检测出浅而宽的表面缺陷，检测结果的重复显示性好，但操作周期长，检测成本高，不适于大型工件的检测；溶剂去除型着色渗透剂操作方便，适合现场和大型设备的局部检测，但擦除多余渗透剂时容易将浅而宽的缺陷中的渗透剂擦掉。

除渗透剂外，根据检测对象和条件选择合适的显像方法也十分重要。干式显像剂不能有效地吸附在非常光滑的表面上，在这种情况下湿式显像的效果较好；反之，在粗糙的表面上干式显像的效果较好；快干式显像剂可有效地显示细微的裂纹，但对浅而宽的缺陷的显示效果则较差。各种渗透检测方法都有独特之处，也都具有局限性，所以在具体进行渗透检测时，渗透检测方法的选用可根据被检工件的表面粗糙度、检测灵敏度、检测批量大小和检测现场的水源、电源、经济性等因素来决定。具体渗透检测方法的选用原则如下。

1）对于表面光洁且检测灵敏度要求较高的工件，宜采用后乳化型着色法或后乳化型荧光法，也可采用溶剂去除型荧光法。

2）对于表面粗糙且检测灵敏度要求低的工件，宜采用水洗型着色法或水洗型荧光法。

3）对于现场无水源、电源的检测，宜采用溶剂去除型着色法。

4）对于现场大批量的工件检测，宜采用水洗型着色法或水洗型荧光法。

5）对于大工件的局部检测，宜采用溶剂去除型着色法或溶剂去除型荧光法。

6）荧光法比着色法有较高的检测灵敏度，它可加快渗透速度，缩短检测时间。

渗透检测方法的选择可参见表 1-11，具体应用时还要根据被检对象的特点综合考虑。

表 1-11　渗透检测方法的选择

对象或条件		渗透法	显像法
被检工件	批量连续检测	FA，FB	W，D
	不定期检测及局部检测	FC，VC	S
工件的表面状态	表面粗糙的铸、锻件	FA，VA	D，W
	中等粗糙的精铸件	FA，FB	D
	车削加工表面	FA，FB，VC	S，D，W
	磨削加工表面	FB，VC	S
	螺纹、键槽等拐角	FA，VA	D
	焊缝	FA，VA，FC，VC	D，S
设备条件	无水、电或现场检测	VC	S
	有水、电、气的暗室	FA，FB	D，W
其他	泄漏检测	FA，FB	S，D
	要求重复检测	VC，FB	D，S

（三）渗透检测的操作程序

1. 渗透检测方法的一般操作程序

几种常用的渗透检测方法的一般操作程序如图 1-20 所示。表 1-12 介绍了渗透检测各步骤操作内容。

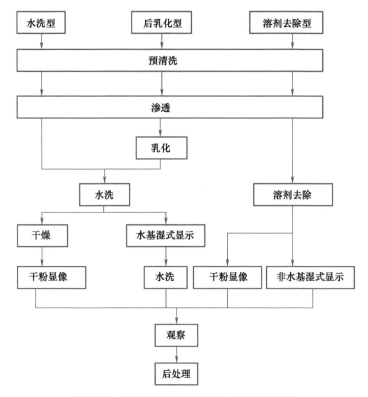

图 1-20   常用渗透检测方法的一般操作程序

表 1-12   渗透检测各步骤操作内容

检测步骤	操作内容
预处理	焊缝表面及两侧至少 25mm 区域，采用砂轮打磨等方法消除焊渣、飞溅、氧化皮，不允许用喷砂、喷丸等清理方法
预清洗	用清洗液洗净焊缝检测区表面的油污，并经强热风吹干或自然蒸发，使其充分干燥
渗透处理	采用浸、刷、喷等方法涂敷渗透液，温度为 10~15℃，时间不得小于 5min
乳化处理	采用喷、浇、浸等方法，合适的乳化时间必须通过检测确定
去除处理	1）水洗型或后乳化型经乳化处理后，用喷水方法清洗，水压不超过 0.345MPa，水温不超过 40℃ 2）溶剂去除型可用布或纸沿一个方向擦拭，禁用冲洗方式
干燥处理	可用干净材料吸干、热风吹干或自然蒸发干燥，表面温度不应超过 50℃
显像	可采用喷、浸、刷等方法，在 10~50℃ 范围内显像时间一般为 7min
观察	在显像的同时应立即观察，其条件为：着色法要求白光光照度应不低于 500lx；荧光法应在白光光照度小于 20lx 的暗环境，黑光辐照度应不小于 $1\,000\mu W/cm^2$
后处理	可用布、纸擦除，也可用水冲洗或喷气清除

2. 各种渗透检测方法的操作步骤

NB/T 47013.5—2015《承压设备无损检测　第 5 部分：渗透检测》对各种渗透检测操作步骤的规定，见表 1-13。

表 1-13　各种渗透检测操作步骤

所使用的渗透剂和显像剂的种类	检测方法符号	前处理	渗透	乳化	清洗	溶剂去除	干燥	显像	干燥	观察	后处理
水洗型荧光渗透剂/干式显像剂	FA-D	√	√		√		√	√		√	√
水洗型荧光渗透剂或水洗型着色渗透剂/湿式显像剂	FA-W VA-W	√	√		√			√	√	√	√
水洗型荧光渗透剂或水洗型着色渗透剂/快干式显像剂	FA-S VA-S	√	√		√		√	√		√	√
水洗型荧光渗透剂/不用显像剂	FA-N	√	√		√		√			√	√
后乳化型荧光渗透剂/干式显像剂	FB-D	√	√	√	√		√	√		√	√
后乳化型荧光渗透剂/湿式显像剂	FB-W	√	√	√	√			√	√	√	√
后乳化型荧光渗透剂/快干式显像剂	FB-S	√	√	√	√		√	√		√	√
溶剂去除型荧光渗透剂/干式显像剂	FC-D	√	√			√	√	√		√	√
溶剂去除型荧光渗透剂或溶剂去除型着色剂/湿式显像剂	FC-W VC-W	√	√			√		√	√	√	√
溶剂去除型荧光渗透剂或溶剂去除型着色剂/快干式显像剂	FC-S VC-S	√	√			√		√		√	√
溶剂去除型荧光渗透剂/不用显像剂	FC-N	√	√			√				√	√

注：需要采用的步骤用√表示。

四、渗透检测操作

（一）溶剂去除型渗透检测灵敏度的校验

1. 工作准备

从密闭保存容器中取出铝合金焠火试块，将试块表面的有机溶剂擦拭干净后晾干待用。准备一定数量的溶剂去除型渗透检测材料，并准备用于擦拭多余渗透剂的足量纸张或棉纱。配备必要的照明器具。

2. 工作步骤

1）将试块放置在工作平台上。

2）用毛刷或棉纱蘸溶剂去除型着色渗透液涂抹在试块表面上，也可以用喷罐直接将渗透剂施加在试块表面上，试块表面应完全被渗透剂覆盖。

3）渗透时间应大于 10min，渗透结束后，用纸张或棉纱沿一个方向擦拭试块表面多余的渗透剂。

4）用有机溶剂蘸湿纸张或棉纱后，沿一个方向在试块表面擦拭，直至将试块表面擦拭干净。

5）试块表面擦拭干净后，自然晾干（干燥时间为3~5min）。

6）显像剂采用喷涂方式，选定一个方向向试块表面喷涂，喷射角度（喷罐喷出的显像剂喷柱与试块表面的夹角）控制在30°~40°。

7）显像7min后对试块表面进行观察，观察环境的光照度应大于等于1 000lx。

8）观察结果如图1-21所示，试块表面的裂纹图案显示应清晰，校验合格。

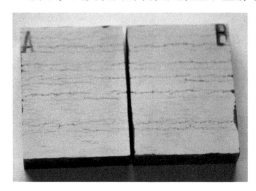

图1-21　铝合金淬火试块渗透检测表面状态显示

9）校验灵敏度结束后，用有机溶剂彻底擦拭掉试块表面残留的渗透检测材料。

10）试块干燥后，按其保管要求进行存储。

铝合金淬火试块使用完毕，应将试块表面残留的渗透检测材料完全清洗干净。放入盛有丙酮和无水酒精的混合液体的密闭容器中保存。

（二）溶剂去除型着色渗透检测步骤

溶剂去除型着色渗透检测操作工序一般安排在零部件冷、热加工之后，或表面处理之前，或工件制成之后进行。

1. 被检工件表面预清洗

使用铁刷、锉刀、砂纸、扁铲等工具，清理焊缝试样的焊缝与热影响区，以去除表面飞溅物、焊渣、铁锈等杂物。也可将被检工件表面的污物进行去除处理，通常采用溶剂清洗方法，如图1-22所示。

图1-22　工件表面的清洗

2. 施加渗透剂

施加渗透剂时通常采用喷涂或刷涂两种方法，如图 1-23、图 1-24 所示。渗透时间一般控制在 10min 以上，渗透温度控制在 10~50℃ 范围内，渗透期间工件表面保持湿润状态，渗透时间内若出现渗透剂干燥现象，须再次施加渗透剂。

图 1-23　喷涂法

图 1-24　刷涂法

3. 去除多余渗透剂

渗透结束后，用干净的纸张或棉纱沿一个方向擦拭工件表面上的渗透剂，再用干净的纸张或棉纱醮上去除剂以一个方向擦拭，直至工件表面擦拭干净为止，如图 1-25 所示。

图 1-25　去除多余渗透剂

4. 干燥

擦拭结束后，被检工件表面通常采用自然干燥方法，将工件摆放在空气流通的环境中即可，不必进行专门的干燥处理。干燥时间一般为 3~5min。

5. 施加显像剂

显像剂采用喷涂法施加，喷罐的喷嘴与工件之间的距离为 300~400mm。喷罐喷出的显像剂喷柱与工件被检表面之间的夹角为 30°~40°，喷涂沿一个方向进行。其施加方法如图 1-26 所示。显像时间以 15~30min 为宜。显像 3~5min 后，可用肉眼或借助于 3~5 倍放大镜观察所显示的图像。为发现细微缺陷，可间隔 5min 观察一次，重复观察 2~3 次。焊缝的起弧、熄弧处易产生细微的弧坑裂纹，应特别注意。

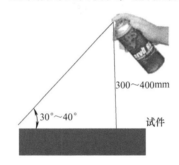

图 1-26　用喷涂法施加显像剂的方法

6. 观察

观察是在显像结束 7min 后进行的，通常在正常环境光照条件下进行。在观察前，应对环境进行光照度测量，当光照度大于等于 500lx 时，不需要添加辅助光源；如果光照度小于 500lx，则需要添加辅助光源，一般情况下采用手持电筒光源即可，必要时应增加安全照明灯。

7. 记录

将下列项目记录下来：受检试件及编号；受检部位；检测材料（含着色剂、去除剂及显像剂）名称及牌号；操作主要工艺参数（含渗透时间、清洗时间、显像时间等）；缺陷类别、数量、大小；检验日期。

8. 后处理

清理受检表面，可用布、纸擦拭清理，也可用水冲洗或喷气清洗。

当显示不能确定时，则必须重新进行渗透检测，此时必须从工件预清洗开始，严格按上面的检测步骤进行检测。

五、渗透检测缺陷及评定

（一）缺陷显示

缺陷显示一般根据显示的形状、尺寸和分布状态进行分类。渗透检测的质量验收标准不同，对缺陷显示的分类也不尽相同。下列所述是常见的分类方法。

1. 线状显示痕迹

线状显示痕迹是指长度大于或等于三倍宽度的显示痕迹，根据缺陷的形式不同，痕迹的形态也不同，通常反映的缺陷有裂纹、未熔合、分层、条状夹杂等。这些痕迹有可能表现为比较整齐的连续直线；在缺陷全部扩展到表面时，也可能表现为断续直线；也有可能显现为参差不齐、略微曲折的线段，或长宽比不大的不规则痕迹。

2. 圆形（非线状）显示痕迹

圆形显示痕迹是指长度小于三倍宽度的显示痕迹，可能呈圆形、扁圆形或不规则形状。圆形显示痕迹通常是由表面气孔、弧坑缩孔、点状夹杂等形成的缺陷所致。

根据痕迹形状判断缺陷类型在相当程度上是依靠检测人员的经验，虽然有些一般规律可遵循，如在检测焊缝时，根部未焊透常表现为连续或断续的直线段；裂纹则为宽度不大的不规则线段；条状夹杂则多为长宽比相对来说不大的不规则痕迹；表面气孔多呈圆形显示。就一般规律而言，较为准确的缺陷则还要根据显现的位置特征、材料的特征等因素综合判断。对缺陷深度的判断更为困难，如着色法检测时只能根据痕迹色彩的深浅大体定性地对比确定。

3. 分散型和密集型的显示

在一定面积范围内，存在几个缺陷的显示，可认为是分散型的缺陷显示。如果缺陷显示中最短的显示长度小于 2mm，而间距又大于显示痕迹时，则可看做是单独的缺陷显示；如间距小于显示痕迹时，则可看做是密集型的缺陷痕迹显示。

各种常见焊接缺陷显示痕迹的特征见表 1-14。

表 1-14   各种焊接缺陷显示痕迹的特征

缺陷种类		显示痕迹的特征
焊接气孔		呈圆形、椭圆形或长圆形，显示比较均匀，边缘减淡
焊缝与热影响区裂纹	热裂纹	一般带曲折的波浪状或锯齿状的细条纹
	冷裂纹	一般呈直线细条纹
	弧坑裂纹	呈星状或锯齿状条纹
	应力腐蚀裂纹	一般在热影响区或横贯焊缝部位，呈直而长的较粗条纹
未焊透		呈一条连续或断续直线条纹
未熔合		呈直线状或椭圆形条纹
夹渣		缺陷显示不规则，形状多样且深浅不一

（二）缺陷显示的等级评定

对确认为缺陷的显示，均应进行定位、定量及定性等评定，然后再根据引用的标准或技术文件，评定质量等级，做出合格与否的判定。评定缺陷时，应严格按照标准或技术文件的要求进行。在定量评定时，要特别注意缺陷的显示尺寸和实际尺寸的区别。因为前者往往比后者大得多。对明显超出质量验收标准的缺陷，可立即做出不合格的结论。对于那些缺陷尺寸接近质量验收标准的，需再借助放大镜观察，测出缺陷的尺寸和定出缺陷的性质后，才能做出结论。超出质量验收标准而又允许打磨或补焊的工件，应在打磨后再次进行渗透检测，确认缺陷被打磨干净后，方可验收或补焊。

1. 缺陷的分级

不同的技术标准对分级的划分不同，现介绍《着色探伤检测规程》的分级方法。

1)《着色探伤检测规程》对缺陷显示痕迹的等级分类。该标准按缺陷显示不同分为线状显示、圆形显示和分散型显示。线状显示和圆形显示的等级以及在 $2\,500\text{mm}^2$ 矩形面积（最大变长为150mm）内长度超过1mm的分散型显示的等级按表1-15评定。

在判定痕迹时，如果有2个或2个以上缺陷显示痕迹大致在同一条连线上，同时间距又小于2mm，则应看作是一个连续的线状缺陷显示痕迹，其长度为痕迹长度与间距之和。如果缺陷显示痕迹中最短的痕迹长度小于2mm，而间距又大于显示痕迹时，则可看做是单个缺陷显示痕迹；间距小于显示痕迹时，则可看做是密集型缺陷显示痕迹。此时可按分散型缺陷显示痕迹确定总长度，按表1-15中的6~7级定级。

表1-15　等级分类　　　　　　　　　　（单位：mm）

等级分类	线状和圆形缺陷显示痕迹长度	分散型缺陷显示痕迹的总长度（$2\,500\text{mm}^2$ 矩形面积）
1级	$1 \leqslant l < 2$	$2 \leqslant l < 4$
2级	$2 \leqslant l < 4$	$4 \leqslant l < 8$
3级	$4 \leqslant l < 8$	$8 \leqslant l < 16$
4级	$8 \leqslant l < 16$	$16 \leqslant l < 32$
5级	$16 \leqslant l < 32$	$32 \leqslant l < 64$
6级	$32 \leqslant l < 64$	$64 \leqslant l < 128$
7级	$l \geqslant 64$	$l \geqslant 128$

2)《着色探伤检测规程》对缺陷显示按线状和圆形各分为三级，各级允许存在的缺陷尺寸还与材料厚度有关，具体数值见表1-16。需要指出的是，表中所列数值均为缺陷实际的尺寸，而不是缺陷显示痕迹的尺寸。

表1-16　容器着色检测标准　　　　　　（单位：mm）

材料厚度 t	线状显示			圆形显示		
	I 级	II 级	III 级	I 级	II 级	III 级
$t < 16$	0	$\leqslant 1.6$	$\leqslant 2.4$	0	$\leqslant 3.2$	$\leqslant 4.8$
$16 \leqslant t \leqslant 50$	0	$\leqslant 1.6$	$\leqslant 3.2$	0	$\leqslant 4.8$	$\leqslant 6.4$
$t > 50$	0	$\leqslant 1.6$	$\leqslant 4.8$	0		

凡是出现下列情况之一的均为不合格：表面裂纹分层；大于表中规定的单个缺陷；在一条直线上有4个或4个以上间隙排列的缺陷显示，且每个缺陷之间的距离小于2mm；在任何一块150mm×25mm表面上存在10个或10个以上的缺陷显示。

产品的合格级别由设计部门根据压力容器有关标准规范决定。由于这是一个指导性标准，同时只适合于压力容器着色检测，因此参考此标准时要注意试用范围。

2. 渗透检测报告和记录

进行渗透检测时应做好记录。渗透检测完成后，应填写渗透检测报告。原始记录及检测报告一般应包括下述内容：受检工件状态、检查方法及条件、检测标准、验收标准、检测结论、示意图，以及检测日期、检测人员签名、复核校对人员签名（注明人员资格）等，见表1-17。

表 1-17 渗透检测报告

委托单位					
工件名称			工件规格		
材质		表面状况		检测方法	
检测部位		环境温度		观察方式	
渗透剂型号		去除剂型号		显像剂型号	
执行标准					
操作方法及参数	前处理方法				
	渗透方法及时间				
	乳化方法及时间				
	清洗方法				
	干燥方法				
	显像和观察时间				
序号	缺陷位置	缺陷长度/mm	序号	缺陷位置	缺陷长度/mm
结果					
检测员			日期	年 月 日	
审核员			日期	年 月 日	

六、安全与防护

(一)检测材料的储存防火安全措施

液体渗透检测所用的检测材料大多数含有可燃、易燃的油类和有机化学试剂,对人体的健康有一定的影响,所以在使用时必须注意安全。

渗透检测使用的检测材料基本上都是可燃性物质构成的,此外,也有充入的气体是液化石油气类强可燃性物质,使用这样的检测材料时,必须进行预防火灾的管理。储装渗透检测材料的容器应加盖,并且需要防泄漏。储存地点应尽量挑选阴冷的暗处,并且避免烟火、热风、直射阳光等。压力喷罐严禁在高温处存放,因为在高温时,罐内的压力将增大,有发生自燃爆炸的危险。当环境温度较低时,喷罐内的压力将降低,喷雾将减弱且不均匀。此时,可将其放入 30℃ 以下的温水中,待加热之后再使用。但绝不允许将压力喷罐直接放在火焰附近加热。

(二)劳动卫生的防护措施

直接吸入渗透剂、清洗剂、显像剂等及其雾状物,会影响身体健康。

1)在不影响检测灵敏度、满足零件技术要求的前提下,尽可能采用低毒配方。

2)采用先进的技术,改进检测工艺和完善检测设备,特别是增设必要的通风装置,降低毒物在操作场所空气中的浓度。

3）严格遵守操作规程，正确使用个人防护用品，如口罩、防毒面具、橡胶手套、防护服和防护膏等。

4）当紫外线照射三氯乙烯时将产生有害气体，因此在渗透过程中，应避免三氯乙烯滞留在零件的不通孔里或其他凹陷处。波长在 330nm 以下的紫外线对人眼有害，所以严禁使用不带滤波片或滤波片破裂的紫外线灯。必要时应带上防紫外线辐射的特殊眼镜。

5）人体皮肤尽量不直接暴露在紫外线射场内，以减少皮肤与紫外线接触的机会；检测员在暗室里连续检测的时间不能太长；避免在火焰附近以及高温环境下操作。

6）使用压力喷罐时，如果环境温度超过 50℃，应特别引起注意。操作现场禁止明火存在，并严禁吸烟。若吸烟或饮食，应远离现场，并将手洗干净后方可进食。

7）若在通风不良条件下（如在压力容器内）进行渗透检测时，应加装通风排气装置。

渗透检测
概述

渗透检测方法
的优缺点

渗透检测的
步骤操作

渗透检测的设备

渗透剂

● 自学自测 ●

1. 焊接工件易产生的缺陷有哪些？
2. 目视检测使用哪些工具？
3. 渗透检测使用哪些的工具？
4. 渗透剂应如何选择？
5. 渗透检测时要注意哪些安全防护问题？

● 任务实训 ●

空气储罐筒体焊缝的外观检测与渗透检测工作单

计划单

学习领域	焊接质量检验		
学习情境 1	焊缝表面缺陷检测	任务 1	空气储罐筒体焊缝的外观 检测与渗透检测
工作方式	由小组讨论，制订完成本小组 实施计划	学时	1
完成人	1.　　　 2.　　　 3.　　　 4.　　　 5.　　　 6.		
计划依据	1. 被检工件的图样；2. 教师分配的工作任务		
序号	计划步骤		具体工作内容描述
	准备工作 （准备工具、材料，谁去做？）		
	组织分工 （成立组织，人员具体都完成什么？）		
	现场记录 （都记录什么内容？）		
	检测点标记 （如何标记？）		
	核对工作 （谁去核对，都核对什么？）		
	整理资料 （谁负责？整理什么？）		
制订计划说明	写出在制订计划过程中小组成员就如何完成任务提出的主要建议以及需要说明的事项		
计划评价	评语：		
班级		第　　组	组长签字	
教师签字			日期	

决策单

学习领域	焊接质量检验		
学习情境1	焊缝表面缺陷检测	任务1	空气储罐筒体焊缝的外观检测与渗透检测
决策目的	确定本次检测人员分工及具体工作内容	学时	0.5
方案讨论		组号	

方案决策	组别	步骤顺序性	步骤合理性	实施可操作性	选用工具合理性	方案综合评价
	1					
	2					
	3					
	4					
	5					
	1					
	2					
	3					
	4					
	5					
	1					
	2					
	3					
	4					
	5					

方案评价	评语:

班级		组长签字		教师签字		月　日

工具单

场地准备	教学仪器 （工具）准备	资料准备
质检一体化教室	焊接检测尺、间隙测量规、半径量规、深度量规、内外卡尺、定心规、塞尺、螺纹规及千分表 渗透检测材料、渗透检测设备、不锈钢镀铬辐射状裂纹试块、光源、丙酮或香蕉水	焊接设备使用说明书 压力容器与压力容器工件生产工艺卡 渗透检测工艺卡 质量报告单

作业单

学习领域	焊接质量检验		
学习情境 1	焊缝表面缺陷检测	任务 1	空气储罐筒体焊缝的外观检测与渗透检测
参加焊缝表面缺陷检测人员	第 组		学时
			1
作业方式	小组分析，个人解答，现场批阅，集体评判		

序号	工作内容记录 （表面缺陷检测的实际工作）	分工 （负责人）
小结	主要描述完成的成果及是否达到目标	存在的问题

班级		组别		组长签字	
学号		姓名		教师签字	
教师评分		日期			

— 检查单 —

学习领域	焊接质量检验			
学习情境1	焊缝表面缺陷检测	学时	20	
任务1	空气储罐筒体焊缝的外观检测与渗透检测	学时	10	
序号	检查项目	检查标准	学生自查	教师检查
1	任务书阅读与分析能力，正确理解及描述目标要求	准确理解任务要求		
2	与同组同学协商，确定人员分工	较强的团队协作能力		
3	查阅资料能力，市场调研能力	较强的资料检索能力和市场调研能力		
4	资料的阅读、分析和归纳能力	较强的分析报告撰写能力		
5	焊接质量检验的外观检测和渗透检测	质检工艺确定及操作的能力		
6	安全生产与环保	符合"5S"要求		
7	事故的分析诊断能力	事故处理得当		
检查评价	评语：			
班级		组别	组长签字	
教师签字			日期	

• 任务评价 •

┤ 评价单 ├

学习领域	焊接质量检验		
学习情境 1	焊缝表面缺陷检测	任务 1	空气储罐筒体焊缝的外观检测与渗透检测
评价学时		课内 0.5 学时	
班级：		第　　组	

考核情境	考核内容及要求	分值	学生自评（10%）	小组评分（20%）	教师评分（70%）	实得分
计划编制（20 分）	资源利用率	4				
	工作程序的完整性	6				
	步骤内容描述	8				
	计划的规范性	2				
工作过程（40 分）	工作完整性	10				
	工作质量	5				
	报告完整性	25				
团队情感（25 分）	核心价值观	5				
	创新性	5				
	参与率	5				
	合作性	5				
	劳动态度	5				
安全文明（10 分）	工作过程中的安全保障情况	5				
	工具正确使用和保养、放置规范	5				
工作效率（5 分）	能够在要求的时间内完成，每超时 5min 扣 1 分	5				
总分（Σ）		100				

小组成员评价单

学习领域	焊接质量检验		
学习情境 1	焊缝表面缺陷检测	任务 1	空气储罐筒体焊缝的外观检测与渗透检测
班级		第　　组　成员姓名	
评分说明	每个小组成员评价分为自评和小组其他成员评价两部分，取其计算平均值，作为该小组成员的任务评价个人分数。评价项目共设计 5 个，依据评分标准进行量化打分。小组成员自评分后，再由小组其他成员以不记名方式打分		
对象	评分项目	评分标准	评分
自评 （100 分）	核心价值观（20 分）	是否有违背社会主义核心价值观的思想及行动	
	工作态度（20 分）	是否按时完成负责的工作内容、遵守纪律，是否积极主动参与小组工作，是否全过程参与，是否吃苦耐劳，是否具有工匠精神	
	交流沟通（20 分）	是否能良好地表达自己的观点，是否能倾听他人的观点	
	团队合作（20 分）	是否与小组成员合作完成任务，做到相互协作、互相帮助、听从指挥	
	创新意识（20 分）	看问题是否能独立思考、提出独到见解，是否能够用创新思维解决遇到的问题	
成员 1 （100 分）	核心价值观（20 分）	是否有违背社会主义核心价值观的思想及行动	
	工作态度（20 分）	是否按时完成负责的工作内容、遵守纪律，是否积极主动参与小组工作，是否全过程参与，是否吃苦耐劳，是否具有工匠精神	
	交流沟通（20 分）	是否能良好地表达自己的观点，是否能倾听他人的观点	
	团队合作（20 分）	是否与小组成员合作完成任务，做到相互协作、互相帮助、听从指挥	
	创新意识（20 分）	看问题是否能独立思考、提出独到见解，是否能够用创新思维解决遇到的问题	
成员 2 （100 分）	核心价值观（20 分）	是否有违背社会主义核心价值观的思想及行动	
	工作态度（20 分）	是否按时完成负责的工作内容、遵守纪律，是否积极主动参与小组工作，是否全过程参与，是否吃苦耐劳，是否具有工匠精神	
	交流沟通（20 分）	是否能良好地表达自己的观点，是否能倾听他人的观点	

（续）

对象	评分项目	评分标准	评分
成员 2 （100 分）	团队合作（20 分）	是否与小组成员合作完成任务，做到相互协作、互相帮助、听从指挥	
	创新意识（20 分）	看问题是否能独立思考、提出独到见解，是否能够用创新思维解决遇到的问题	
成员 3 （100 分）	核心价值观（20 分）	是否有违背社会主义核心价值观的思想及行动	
	工作态度（20 分）	是否按时完成负责的工作内容、遵守纪律，是否积极主动参与小组工作，是否全过程参与，是否吃苦耐劳，是否具有工匠精神	
	交流沟通（20 分）	是否能良好地表达自己的观点，是否能倾听他人的观点	
	团队合作（20 分）	是否与小组成员合作完成任务，做到相互协作、互相帮助、听从指挥	
	创新意识（20 分）	看问题是否能独立思考、提出独到见解，是否能够用创新思维解决遇到的问题	
成员 4 （100 分）	核心价值观（20 分）	是否有违背社会主义核心价值观的思想及行动	
	工作态度（20 分）	是否按时完成负责的工作内容、遵守纪律，是否积极主动参与小组工作，是否全过程参与，是否吃苦耐劳，是否具有工匠精神	
	交流沟通（20 分）	是否能良好地表达自己的观点，是否能倾听他人的观点	
	团队合作（20 分）	是否与小组成员合作完成任务，做到相互协作、互相帮助、听从指挥	
	创新意识（20 分）	看问题是否能独立思考、提出独到见解，是否能够用创新思维解决遇到的问题	
成员 5 （100 分）	核心价值观（20 分）	是否有违背社会主义核心价值观的思想及行动	
	工作态度（20 分）	是否按时完成负责的工作内容、遵守纪律，是否积极主动参与小组工作，是否全过程参与，是否吃苦耐劳，是否具有工匠精神	
	交流沟通（20 分）	是否能良好地表达自己的观点，是否能倾听他人的观点	
	团队合作（20 分）	是否与小组成员合作完成任务，做到相互协作、互相帮助、听从指挥	
	创新意识（20 分）	看问题是否能独立思考、提出独到见解，是否能够用创新思维解决遇到的问题	
最终小组成员得分			

● 课后反思 ●

学习领域	焊接质量检验		
学习情境1	焊缝表面缺陷检测	任务1	空气储罐筒体焊缝的外观检测与渗透检测
班级		第　　组	成员姓名	

情感反思	通过对本任务的学习和实训，你认为自己在社会主义核心价值观、职业素养、学习和工作态度等方面有哪些需要提高的部分？
知识反思	通过对本任务的学习，你掌握了哪些知识点？请画出思维导图。
技能反思	在完成本任务的学习和实训过程中，你主要掌握了哪些技能？
方法反思	在完成本任务的学习和实训过程中，你主要掌握了哪些分析和解决问题的方法？

任务 ② 空气储罐筒体焊缝的磁粉检测

─── 任务单 ───

学习领域	焊接质量检验		
学习情境 1	焊缝表面缺陷检测	**任务 2**	空气储罐筒体焊缝的的磁粉检测
任务学时		10 学时	
布置任务			
工作目标	根据空气储罐筒体焊缝的特点，设计符合实际生产需要的磁粉检测工艺，做好检测前的储罐筒体焊缝表面准备、磁粉检测机预机准备，按工艺步骤进行磁粉检测操作，记录操作过程，并分析检测结果，填写质检报告。需要的设备及器材包括磁粉检测机、磁粉及对比试块等。		
任务描述	根据空气储罐筒体焊缝的特点，完成磁粉检测工艺编制，内容包括磁化方式、磁粉的撒布方法、是否退磁及退磁方式；按照相应标准完成对空气储罐筒体焊缝磁粉检测操作过程，掌握操作的要点；完成对磁粉检测结果的记录，实现对焊缝质量的评级。		

学时安排	资讯 4 学时	计划 1 学时	决策 1 学时	实施 3 学时	检查 0.5 学时	评价 0.5 学时

提供资料	1.《国际焊接工程师培训教程》，哈尔滨焊培中心，2013。 2.《国际焊接技师培训教程》，哈尔滨焊培中心，2013。 3.《焊接检验》第 3 版，姚佳、李荣雪主编，机械工业出版社，2020。 4.《无损检测手册》第 2 版，李家伟主编，机械工业出版社，2012。 5. 利用网络资源进行咨询。
对学生的要求	1. 焊接专业基础知识（焊接方法、工艺、生产），经历了专业实习，对焊接企业的产品及行业领域有一定的了解。 2. 具有独立思考、善于发现问题的良好习惯。能对任务书进行分析，能正确理解和描述目标要求。 3. 具有查询资料和市场调研能力，具备严谨求实和开拓创新的学习态度。

资讯单

学习领域	焊接质量检验		
学习情境1	焊缝表面缺陷检测	任务2	空气储罐筒体焊缝的磁粉检测
资讯学时	4		
资讯方式	在图书馆杂志、教材、互联网及信息单上查询问题；咨询任课教师		
资讯内容	知识点　磁粉检测		问题1：磁粉检测有哪些优缺点？
			问题2：磁粉检测的及评定标准是什么？
			问题3：磁粉检测的工具有哪些？
			问题4：磁粉检测的步骤有哪些？
			问题5：如何使用磁粉检测方法检测弓箭表面缺陷？
			问题6：如何使用磁粉、磁悬液等磁力材料检测焊缝表面？
			问题7：磁粉检测的使用范围？
			问题8：如何使用退磁？
			问题9：磁粉检测的方法有哪几种？
			问题10：什么是磁共轭？
			问题11：如何选择磁粉检测方法？
			问题12：磁粉检测操作方法有哪些？
	技能点		学会使用合适的磁粉检测方法和设备。
			完成焊接磁粉检测工艺编制，正确实施磁粉检测操作，能够对焊接检测结果做出正确评定。正确记录操作过程、检测结果，完成质量检测报告的正确填写。
	思政点		1. 培养学生爱国情怀和民族自豪感，爱国敬业、诚信友善。 2. 培养学生树立质量意识、安全意识，认识到我们每一个人都是工程建设质量的守护者。 3. 培养学生具有社会责任感和社会参与意识。
	学生需要单独资讯的问题		

知识链接

知识点 **1** ▶▶ 磁粉检测

一、磁粉检测概述

（一）磁粉检测的基本原理

铁磁性的零件磁化后，当表面或近表面存在缺陷（裂纹、气孔或夹杂）且与磁场方向垂直或成较大角度时，由于缺陷内部介质是空气或非金属夹杂物，其磁导率要比零件小得多，磁阻大，因此，磁感应线通过缺陷时发生弯曲，一部分磁感应线遵循折射定律，逸出零件表面，产生 N 极、S 极，并形成可检测的磁场。这种由于介质磁导率的变化而使磁通泄漏到缺陷附近空气中所形成的磁场，称为漏磁场，如图 1-27 所示。这时如果把磁粉喷洒在工件表面上，磁粉将在缺陷处被吸附，形成与缺陷形状相对应的磁粉聚集线，此聚集线称为磁粉痕迹，简称磁痕。通过磁痕就可将漏磁场检测出来，并能确定缺陷的位置（有时包括缺陷的大小、形状和性质等）。磁痕的大小是实际缺陷的几倍或几十倍，从而容易被肉眼察觉。当工件在相同的磁化条件下时，表面磁粉聚集越明显，则反映此处的缺陷离表面越近且越严重。但是，缺陷距表面一定深度或者在工件内部时，则难以在工件表面处形成漏磁场而被漏检，因此这种方法只适合于检查工件表面和近表面的缺陷。

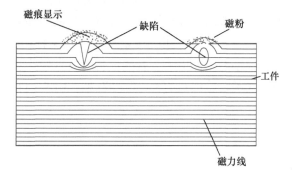

图 1-27　缺陷处的漏磁场及磁痕分布

（二）磁粉检测的特点

由于磁粉检测能直观地显示缺陷，灵敏度高，检测速度快，操作简单且成本低，因此广泛应用于机械、化工、航空、航天、船舶、铁路等领域的产品质量检测。

优点：

1）可以直观显示缺陷的形状、位置、大小及缺陷性质。

2）检测灵敏度高，可检出的缺陷最小尺寸为 $1\mu m$。

3）几乎不受到被检工件的结构因素的限制。

4）检测速度快，工艺简单，经济性好。

局限性：

1）磁粉检测只适用于检查铁磁性材料，如碳钢、合金钢等制造的零件，不适用于检查非铁磁性材料，如铝、镁、铜、钛及其合金和奥氏体型不锈钢焊条焊接的焊缝。

2）只能用于检查工件表面及近表面的缺陷，不能检查埋藏很深的内部缺陷。可探测深度一般为 1~2mm；若采用低频（≤15Hz）电源，且输出电压为 60V，电流为 200A 时，检测深度可达 8mm。表面缺陷的磁粉显示如图 1-28 所示。

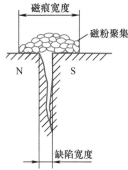

图 1-28　表面缺陷的磁粉显示

3）能用于检查与磁场方向夹角较大的缺陷，检测与磁场方向垂直的缺陷时其灵敏度最高，但不适用于检查与磁场方向夹角小于 20°或平行的缺陷。

4）对表面状态有要求，不能有能黏附磁粉的物质，检测后需进行退磁清洗。

二、磁粉检测设备与器材

（一）磁粉检测设备

1. 磁粉检测设备的分类

磁粉检测中，为了适应在不同条件下对各种不同工件进行检测检测，需要采用不同的磁化方法，由此研制开发了种类繁多的磁粉检测设备。通常按是否方便携带将磁粉检测设备分为固定式、移动式和便携式三大类。

（1）固定式磁粉检测机　如图 1-29 所示，其体积大、质量大，采用降压变压器使电压达到 15V 以下，磁化电流达 100A 以上，可以实现周向磁化、纵向磁化和复合磁化。磁化电流和夹头间据可调，一般用于湿法检测，带有磁悬液循环系统和喷枪。喷洒压力和流量可调节，以实现交、直流退磁，还备有紫外线灯（又称黑光灯），用于荧光磁粉检测。这种设备主要用于中小型工件检测，有些设备有支杆触头和电缆、便于对大型工件检测。目前常用的固定式磁粉检测机有 CEW-2000 型，CEW-4000 型，CEW-6000 型和 CEW-10000 型等。

图 1-29　固定式磁粉检测机

（2）移动式磁粉检测机　如图 1-30 所示，移动式磁粉检测机一般由磁化电源、电缆和小车等部分组成。小车上装有滚轮可以自由移动，以便于探测不易搬动的大型工

件。常利用支杆法检测，采用降压变压器使电压达到 12V 以下，且磁化电流在 3 000~
6 000A，磁化电流为交流电或整流电，适用湿法或干法磁粉检测。常用的移动式磁粉检
测机有 CYD-3000 型，CYE-5000 型等。

（3）便携式磁粉检测机 如图 1-31 所示，便携式磁粉检测机一般由磁轭（或磁化
电源）、电缆组成，质量小、体积小，便于携带。适用于野外或高空作业，干法、湿
法检测均可，在压力容器和飞机制造等领域应用广泛。常用的便携式磁粉检测机有电磁轭
型、交叉磁轭型、永久磁轭型和支杆型几种。

图 1-30 移动式磁粉检测机

图 1-31 便携式磁粉检测机

1）电磁轭型。电磁轭是在一个铁心上绕一组线圈，利用磁轭线圈通电产生磁场来
磁化工件。这种检测机小巧轻便，不烧损工件，磁极间距可调，可用交流激磁，常用于
焊缝检测。

电磁轭检测机的主要技术指标是提升力。用交流激磁，磁极间距最大时，提升力不
小于 44N。用直流激磁，磁极间距为 50~100mm 时，提升力不小于 134N；磁极间距为
100~150mm 时，提升力不小于 177N。

2）交叉磁轭型。交叉磁轭由两个电磁轭交叉组成，磁轭线圈通电后产生一个方向
不断改变的旋转磁场。一次磁化检测可以同时检测出不同方向的缺陷，特别适用于大型
构件的焊缝和轧辊的检测。

3）永久磁轭型。永久磁轭由永久磁铁制成，不需要通电就可以磁化工件。适用于
无电源的飞机检修和野外检测。

4）支杆型。支杆型磁粉检测机由小型磁化电源与支杆组成。固定通过电缆与磁化
电源相连接。采用支杆法检测，磁化电流可达 2 000A。采用晶闸管调压，输出 500A 的
检测机质量只有 7kg，适用于压力容器焊缝和飞机检修检测。

2. 磁粉检测机的组成

不同种类的磁粉检测机结构形式不同，组成也不一样。固定式磁粉检测机主要由机
身、磁化电源和附属装置（工件夹持器、指示仪表、磁悬液喷洒装置、照明装置、退磁
装置、断电相位控制器等）组成。移动式磁粉检测机主要由磁化电源、支杆触头、磁化
线圈和软电缆组成。便携式磁粉检测机主要由磁化电源、电缆，磁轭和支杆组成。不是
每台检测机都包括以上各部分，而是根据工件尺寸和用途，采用不同的组合方式。固定

式磁粉检测机主要由以下几个部分组成。

（1）磁化电源　磁化电源是检测机的核心部分，其主要作用是将220V或380V的电源电压变为12V以下的低电压，以大电流输出，必要时进行整流，以便获得所需要的磁化电流，使工件磁化。一般磁化电源由调压和整流两部分组成。可对工件进行周向磁化、纵向磁化以及全方位的复合磁化。

（2）工件夹持器　用于夹持被检工件进行通电磁化，夹头间距可用电动或手动方式调节。电动调节是利用行程电动机和传动机构使夹头在导轨上移动。手动调节是利用齿轮与导轨上的齿条啮合传动，使夹头沿导轨移动，也可用于推动夹头来夹紧工件，工件夹紧后自锁。磁化夹头有钢制和铜制，夹持工件时要衬以铅垫或铜垫，有利于接触，防止通断电时起弧而烧伤工件。有些检测机的夹头在夹紧工件后可以转动，便于观察，但转动时不应通电磁化。

（3）磁悬液喷洒装置　固定式检测机的磁悬液喷洒装置是由磁悬液槽、电动泵、软管和喷嘴组成的循环系统。电动泵搅动磁悬液，并加压至0.2~0.3MPa，使磁悬液从喷嘴喷出，浇洒在工件表面上，然后又回到磁悬液槽。在回流口上装有过滤网，滤去杂物。移动式和便携式磁粉检测机无循环磁悬液喷洒系统，可用带喷嘴的塑料瓶来喷洒磁悬液，其容积为100~200mL。喷洒时，要不断摇动，以免沉淀。干磁粉可用空气压缩机或电动送风器来进行喷洒，有时也可用带孔的手动喷洒器来喷洒。

（4）照明装置　工件上的磁痕要在一定的照明条件下观察，非荧光磁粉在白光下观察，荧光磁粉在紫外线灯下观察。紫外线灯的光谱强度峰值波长在365nm左右，这正是激发荧光磁粉发出荧光（550mm左右）所需的波长，波长更短的紫外线对激发荧光无益，却对人眼有害。波长更长的紫外线对荧光激发无益，而且影响缺陷磁痕的观察。因此，需要用滤光片将不需要的紫外线滤掉。

使用紫外线灯时应注意：检测工件应在紫外线灯点燃5min以后进行，因为刚点燃时功率达不到要求。使用过程中要尽量减少开关次数，以免影响灯的使用寿命。紫外线灯在使用1 000h后，强度约下降10%，因此要定期检查紫外线灯的强度。要求距紫外线灯40cm处辐照度不低于1 000μW/cm²。常用的紫外线灯型号有CXF-125型、CXF-2215型等。

（5）退磁装置　退磁装置用于对工件进行退磁处理，可固定在检测机上，也可分离出来单独使用，其原理是用磁场方向不断改变，强度逐渐减弱至零的磁场来消除工件上的剩磁。常用的退磁装置有交流退磁线圈、直流退磁线圈、交流磁轭。直流退磁深度较大，对直流磁化的工件退磁效果较好。交流磁轭常用于大型焊接工件退磁。

3. 国产磁粉检测设备的型号命名编制方法

国产磁粉检测设备的型号命名执行国家行业标准ZBN70001的规定，磁粉检测机应按以下方式命名。国产磁粉检测设备的型号代码及其含义见表1-18。

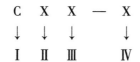

第Ⅰ部分——字母，C表示磁粉检测机；

第Ⅱ部分——字母，代表的磁粉检测机的磁化方式；

第Ⅲ部分——字母，代表磁粉检测机的结构形式；

第Ⅳ部分——数字或字母，代表磁粉检测机的最大磁化电流或探头形式。

表 1-18 国产磁粉检测设备的型号代码及其含义

（Ⅰ）类	（Ⅱ）组	（Ⅲ）组型	（Ⅳ）组参数	含义
C				磁粉检测设备
	J			交流
	D			多功能
	E			交直流
	Z			直流
	X			旋转磁场
	B			半波脉冲直流
	Q			全波脉冲直流
		X		便携式
		D		移动式
		W		固定式
		E		磁轭式
		G		荧光磁粉检测
		Q		超低频退磁
			如：2 000	周向磁化电流 2 000A

（二）磁粉检测的其他器材

1. 磁粉

磁粉是显示缺陷的显示介质，磁粉质量的优劣和选择将直接影响磁粉检测的结果，因此应对磁粉进行全面了解并正确使用。磁粉种类很多，按磁粉是否有荧光性分为荧光磁粉和非荧光磁粉；按磁粉使用方法，磁粉检测可分为干粉法和湿粉法。

（1）非荧光磁粉 非荧光磁粉是在白光下能观察到磁痕的磁粉，通常是铁的氧化物，磨后成为细小的颗粒经筛选而成。它可分为黑磁粉、红磁粉和白磁粉等。黑磁粉是晶体粉末，在浅色工件表面上形成的磁痕清晰，在磁粉检测中的应用最广。红磁粉是一种铁红色的 Fe_2O_3 晶体粉末，具有较高的磁导率，在钢铁金属及工件表面颜色呈褐色的状况下，用红磁粉对其进行检测时具有较高的反差，但不如白磁粉。白磁粉是由黑磁粉 Fe_3O_4 与铝或氧化镁合成的一种表面呈银白色或白色的粉末，白磁粉适用于黑色表面工件的磁粉检测，具有反差大、显示效果好的特点。

（2）荧光磁粉 荧光磁粉是以磁性氧化铁粉、工业纯铁粉、羰基铁粉等为核心，外面包裹一层荧光染料树脂所制成的，可明显提高磁痕的可见度和对比度。这种磁粉在暗室中用紫外线照射能产生较亮的荧光，所以适合于各种工件的表面检测，尤其适合深色表面的工件，且有较高的灵敏度。

2. 磁悬液

将磁粉混合在液体介质中形成磁粉的悬浮液称为磁悬液。用来悬浮磁粉的液体称为载液。在磁悬液中，磁粉和载液是按一定比例混合而成的。根据采用的磁粉和载液的不同，可将磁悬液分为油基磁悬液、水基磁悬液和荧光磁悬液。表 1-19 列出了焊缝磁粉检测用磁悬液的种类、特点及技术要求。

表 1-19　焊缝磁粉检测用磁悬液的种类、特点、技术要求

种类		特点	对载液的要求	湿磁粉浓度 /（mL/100mL 沉淀体积）	质量控制检测
油基磁悬液		悬浮性好，对工件无锈蚀作用	在 38℃时运动黏度超过 $5×10^{-6} m^2/s$ 最低闪点为 60℃ 不起化学反应 无臭味	1.2～2.4（若沉淀物显示出松散的聚集状态，应重新取样或报废）	用性能测试板定期检测其性能和灵敏度
水基磁悬液		润湿性和流动性好，使用安全，成本低，但悬浮性较差	良好的湿润性 良好的可分散性 无泡沫 无腐蚀 在 38℃时运动黏度超过 $5×10^{-6} m^2/s$ 不起化学反应 呈碱性，但 pH 值不超过 10.5 无臭味	1.2～2.4（若沉淀物显示出松散的聚集状态，应重新取样或报废）	用性能测试板定期检测其性能和灵敏度 对新使用的磁悬液（或定期对使用过的磁悬液）做湿润性能检测
荧光磁悬液	荧光油磁悬液	荧光磁粉能在紫外线照射下呈黄绿色，且色泽鲜明，易观察	要求油的固有荧光低，其余同油基磁悬液对载液的要求	0.1～0.5（若沉淀物显示出松散的聚集状态，应重新取样或报废）	定期对旧磁悬液与新准备的磁悬液做荧光亮度对比检测 用性能测试板定期做性能和灵敏度检测
	荧光水磁悬液		要求无荧光，其余同水基磁悬液对载液的要求		1. 对新使用的磁悬液（或定期对使用过的磁悬液）做湿润性能检测 2. 荧光亮度对比检测和性能、灵敏度检测，同荧光油磁悬液

3. 标准试片

标准试片（简称试片）是磁粉检测检测必备的器材之一，具有以下用途：

1）用于检测磁粉检测设备、磁粉和磁悬液的综合性能（系统灵敏度）。

2）用于检测工件表面的磁场方向、有效磁化范围和大致的主效磁场强度。

3）用于考察所用的检测工艺规程和操作方法是否恰当。

4）当无法计算复杂工件的磁化规范时，将小而柔软的试片贴在复杂工件的不同部位，可大致确定较理想的磁化规范。

在我国使用的有 A 型、C 型、D 型和 M1 数字型四种试片。试片用 DT4 电磁软铁板制成。试片型号中的分子表示试片人工缺陷槽的深度，分母表示试片的厚度，单位为μm。试片类型、型号和图形见表 1-20。标准试片应符合《无损检测　磁粉检测用试纸》

（JB/T 6065—2004）的规定。磁粉检测时一般选用 A1-30/100 型标准试片，如果检测部位较小，无法使用 A1-30/100 型标准试片时，可使用 C-15/50 型标准试片。

表 1-20　试片类型、型号和图形

类型	规格（缺陷槽深/试板厚度）/μm		图形和尺寸
A 型	A1-7/50		 1—圆形人工槽　2—十字形人工槽 $l_1 = 20\text{mm}$　$l_2 = 10\text{mm}$　$l_3 = 6\text{mm}$
	A1-15/50		
	A1-30/50		
	A1-15/100		
	A1-30/100		
	A1-60/100		
C 型	C-8/50		 1—直线人工槽　2—分割线 $l_1 = 10\text{mm}$，试片宽度　$l_2 = 50\text{mm}$，试片长度 $l_3 = 5\text{mm}$，分割线间隔
	C-15/50		
D 型	D-7/50		 1—圆形人工槽　2—十字形人工槽 $l_1 = 10\text{mm}$　$l_2 = 5\text{mm}$　$l_3 = 3\text{mm}$
	D-15/50		
M1 型	$\Phi12\text{mm}$	7/50	
	$\Phi9$	15/50	
	$\Phi6$	30/50	

4. 标准试块

标准试块的用途与试片基本相同，但不能用来确定较理想的磁化规范，也不能用于考察被检工件表面的磁场方向和有效磁化范围。常用的标准试块有直流试块（B 型试块）、交流试块（E 型试块）、磁场指示器（八角形试块）。

（1）直流试块 尺寸和形状如图 1-32 所示，材料为经退火处理的 9CrWMn 冷作模具钢，其硬度为 90~95HRB。使用时，用铜棒为中心导体，用穿棒法对试块进行磁化，在不同的直流电流下，用连续法检验，观察试块外缘清晰显示的孔数。该试块仅适用于直流电或整流电磁化。

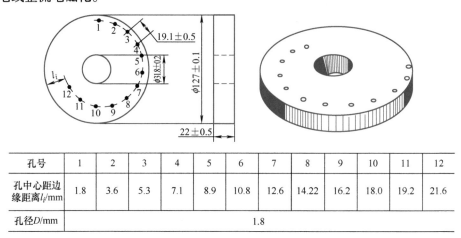

孔号	1	2	3	4	5	6	7	8	9	10	11	12
孔中心距边缘距离l_i/mm	1.8	3.6	5.3	7.1	8.9	10.8	12.6	14.22	16.2	18.0	19.2	21.6
孔径D/mm	1.8											

图 1-32　直流试块的尺寸和形状

（2）交流试块 尺寸和形状如图 1-33 所示，材料为经退火处理的 10 钢。使用时，将标准试块的铜棒置于检测机的两级之间，通以峰值为 800~1 000A 的交流电，用湿连续法检测，应显示一个以上的缺陷磁痕；反之，则应该调整使用的检测系统。

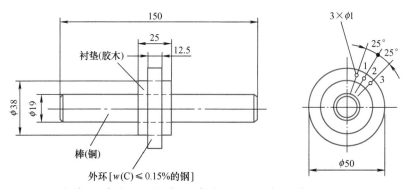

孔1中心距表面2mm；孔2中心距表面1.5mm；孔3中心距表面1mm

图 1-33　交流试块的尺寸和形状

（3）磁场指示器 如图 1-34 所示，磁场指示器是用八块低碳钢与铜片焊接在一起组成的，多用于干粉法检测。使用时，将铜面朝上，低碳钢面朝下，紧贴工件表面，用连续法施加磁粉，通过观察磁痕确定工件表面的磁场方向，但不能以此确定磁场强度的大小和分布。如果没有形成磁痕或者所需方向磁痕，则需考虑修改磁化规范或方法。

（4）自然缺陷标准样件 为了弄清磁粉检

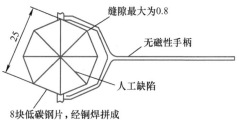

图 1-34　磁场指示器

测系统是否正在按照所需的方式、灵敏度进行操作，最直接的途径是考核该系统能否检测出已知缺陷的能力，即选择带有自然缺陷的工件作为标准样件。自然缺陷标准样件的缺陷不是专门制造的，而是生产过程的某些因素形成的，常见的缺陷有裂纹、夹杂等，可根据需要进行选择。对于固定的批量检测的工件，应有目的性地选取自然试块，自然试块只对专门的产品有效。

5. 测量仪器

磁粉检测中涉及磁场强度、剩磁大小、白光照度、黑光辐照度和通电时间等的测量，因而还应有一些测量仪器，如毫特斯拉计（高斯计）、袖珍式磁强计、照度计、黑光辐照计、通电时间测量器和快速断电检测器等。

知识点 2 ▶▶ 磁粉检测工艺

磁粉检测工艺，是指工件表面处理、磁化工件、施加磁粉、磁痕分析（包括磁痕评定和工件验收）、退磁和检测完毕进行后处理的全过程。

一、磁化方法的选择

在磁粉检测中，通过外加磁场使工件磁化过程称为工件磁化。在铁磁性材料的缺陷中，与磁场方向垂直的缺陷检测灵敏度最高，与磁场平行的缺陷难以检出。磁粉检测的工件有各种形状，工件中的缺陷有各种取向，为了能有效地检测出各个方向的缺陷，可采用多种磁化方法。根据在工件上产生的磁场方向不同，磁化方法通常分为周向磁化法、纵向磁化法和复合磁化法。

（一）周向磁化法

利用产生环绕在工件的周向磁场进行磁化的方法，称为周向磁化法。周向磁化法主要用来检测与工件轴线方向平行或夹角小于45°的缺陷。常用的周向磁化法有轴向直接通电法、中心导体法、支杆法和平行电缆法等。

1. 轴向直接通电法

沿工件轴向直接通入磁化电流，在工件上产生周向磁场进行磁化的方法，称为轴向直接通电法，如图1-35所示。

这种方法一般是将工件轴向的两端面固定在卧式或立式的固定式磁粉检测机的两个电极上，磁化电流沿工件轴向直接通过，根据通电圆柱体产生磁场的原理，使工件产生周向磁场并对工件进行磁化。这种方法可检出与工件轴向平行的缺陷，或者说，可检出与电流平行的缺陷。

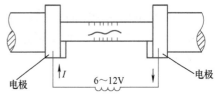

图1-35　轴向直接通电法

轴向直接通电法适用于大批量的中小型工件的检测。检测机可以是手工操作或半自动操作，检测效率高。但当电流较大、工件两端夹持不平正或有氧化皮时，易产生电火花，烧伤工件，为此检测时应注意工件表面处理和正确夹持工件。

2. 中心导体法

将一导体穿入空心中心孔洞并使电流通过导体，在工件内外表面产生周向磁场的磁化方法，称为中心导体法或穿棒法，如图1-36所示。使用直接通电法不能检出空心工件内表面的缺陷，因为内表面的磁场强度为零。中心导体法可以同时发现内外表面轴向缺陷和两端面的径向缺陷，空心工件内表面磁场强度比外表面大，所以检测内表面缺陷的灵敏度比外表面高。

中心导体法用于检测空心轴、轴套、齿轮等空心工件。对于小型工件，可将数个穿在导体上一次磁化。若工件内孔弯曲或需要检查工件孔周围的缺陷，可以用软电缆作为中心导体。中心导体的材料一般采用铜棒，也可以用铝棒或钢棒，但钢棒易发热。

一般情况下，中心导体应尽量位于工件的中心。但当工件直径太大，检测机所能提供的电流不足以使工件表面达到所需的磁感应强度时，可将导体偏心放置进行磁化。如图1-37所示，这时有效的磁化周向长为导体直径的4倍。转动工件，分段磁化，检查整个圆周，为了防止漏检，相邻磁化区应有10%的覆盖区。

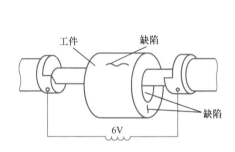

图1-36　环形工件中心导体法

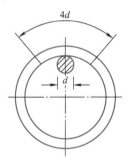

图1-37　偏心棒有效磁化区

3. 支杆法

通过两支杆电极将磁化电流通过工件，在电极处的表面上产生周向磁场，对工件进行局部磁化的方法，称为支杆法或触头法，有时也称刺入法，如图1-38所示。

用支杆法磁化工件时，工件表面的磁场强度与磁化电流、支杆间距有关。支杆间距一定，磁化电流越大，工件表面磁场强度越大。磁化电流一定时，支杆间距越大，工件表面磁场强度越小。为了达到规定的磁场强度，支杆间距增大，磁化电流也应随之增大。

当支杆间距为200mm，磁化电流为400A（交流）时，用支杆法在钢板上产生的磁场分布如图1-39所示。由图可知，在两支杆电极的连线上产生的磁场强度最大，离该连线越远，磁场强度越小。

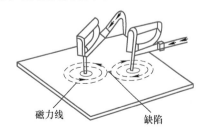

图1-38　支杆法

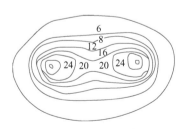

图1-39　支杆法磁场分布

　　支杆法可以检出与两支杆电极连线平行的缺陷，不能检出与两支杆电极连线垂直的缺陷，因此，为了检出工件不同方向的缺陷，在同一部位应进行相互垂直两个方向的磁化。由于支杆法是通过支杆将电流直接通入工件的，电极与工件又是点接触，操作不当极易烧伤工件，并使工件表面产生点状淬火，甚至产生微裂纹，因此具体操作时应注意磁化电流不宜过大，电极接触压力不宜过小，电极端头和工件表面应清理干净。

　　支杆法有较好的机动性和适应性，适用于大型、结构复杂的工件的局部检测，如压力容器各种角焊缝和大型铸锻件，但这种方法不宜用于有表面粗糙度要求的工件磁粉检测，这是因为电极触头会打火烧伤工件表面。支杆法也不适合盛装易燃易爆介质的容器的在用检测，尤其是内部检测。易燃介质浓度高，操作不当会引起火灾事故，如液化石油气球罐的在用检测，就不能用支杆法。

4. 平行电缆法

　　将一根绝缘通电的电缆平行置于被检工件表面部位，产生畸变的周向磁场，进行局部磁化的方法，称为平行电缆法，如图 1-40 所示。这种方法的磁化原理大致与常用的偏心中心导体法相似。它可用于发现与电缆平行的缺陷，在实际检测中可用于压力容器焊缝，特别是角焊缝的纵向缺陷的检测。电缆贴近工件表面磁化，与工件表面无接触，不会烧伤和碰伤工件。在所有局部磁化法中，平行电缆法一次磁化的可检出区域面积最

图 1-40　平行电缆法

大。就焊缝检验来说，一次检出区域面积为支杆法的 4~10 倍，为磁轭法的 8~20 倍，但为达到同样的检测灵敏度所需的磁化电流大，磁场均匀性差。

（二）纵向磁化法

　　使工件上产生纵向磁场进行磁化的方法，称为纵向磁化法。它可用于检验与工件轴向垂直或与轴向夹角大于 45° 的缺陷，即横向缺陷。常用的纵向磁化法有磁轭法、线圈法和电缆缠绕法。

1. 磁轭法

　　利用电磁轭或永久磁铁在工件上产生的纵向磁场进行磁化的方法，称为磁轭法。所谓电磁轭，就是工件置于绕有螺线管线圈的 π 型铁心两级间，工件与铁心构成闭合磁回路，当线圈通上电流后，铁心中感应的磁通流过工件，对工件进行纵向磁化。实际应用中有两种基本形式。

　　（1）整体磁轭法　整个工件置于磁轭法产生的纵向磁场中进行磁化的方法，称为整体磁轭法，如图 1-41 所示。这种方法可用于发现与工件轴向垂直与轴向夹角大于 45° 的缺陷。整体磁轭法主要用在固定式磁粉检测机上，适用于大批量中、小工件的检测。为了便于磁化不同长度的工件，磁轭的极距可以调节。形状规则、截面小的工件，也可在便携式检测仪具有活动关节的磁轭中进行整体磁化，要求磁轭极的截面应大于工件截面，否则达不到规定的磁场强度。同时，还要求工件两端面与磁极间隙尽量小，因为空气会降低磁化效果。

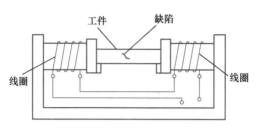

图 1-41　整体磁轭法

（2）局部磁轭法　利用便捷式磁轭或永久磁轭产生的纵向磁场，对工件表面局部区域进行磁化的方法，称为局部磁轭法，如图 1-42 所示。这种方法主要用于检测与两磁极连线垂直的缺陷。为此，采用局部磁轭法时，对同一部位应做相互垂直的两次磁化。

局部磁轭法的磁轭两极间的磁力线大致平行于两极连线，磁化区为椭圆形，磁化区内磁场强度分布不均匀，在两极连线方向上，两级附近强，连线中间弱；连线的垂直方向上，连线附近强，远离连线弱。

如图 1-43 所示，磁化区内的磁场强度和检测有效范围与两磁极间距有关，磁极间距大，检测有效范围大，但磁场强度小。磁极间距一般控制在 50～200mm 之间。局部磁轭法的工件表面的磁场强度还与工件厚度有关，工件厚度大，磁力线分散，磁场强度低，直流磁化时最为突出。交流磁化时具有趋肤效应，工性厚度影响小。一般厚度超过 5mm 的工件，不宜采用直流磁轭。

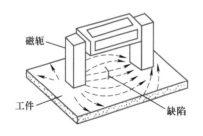

图 1-42　局部磁扼法

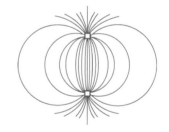

图 1-43　电磁轭两极间的磁力线

2. 线圈法

在工件置于通电螺线管线圈内，用线圈内的纵向磁场进行磁化的方法，称为线圈法，它有利于检测出与线圈轴垂直的缺陷。在线圈中被磁化的工件，由于磁路非闭合而产生反磁场，反磁场起着阻碍磁化的作用。线圈直径较大、长度较短时，线圈内径向的磁场强度是不均匀的，靠近线圈壁强，靠近中心弱。磁化小型工件时，应将工件靠近线圈内壁进行磁化。

工件比线圈长时，由于线圈内磁场随着离开线圈端面距离变大而迅速降低，工件在线圈之外较远的部位不被磁化，所以要将工件磁化分段进行，或用线圈沿工件移动磁化。

3. 电缆缠绕法

用绕在工件上的通电电缆在工件上产生纵向磁场进行磁化的方法，称电缆缠绕法。

它可以检出工件的横向缺陷。对于焊缝近表面缺陷的检测，适合采用直流电磁化法。直流电磁化时，采用低电压大电流的直流电源，使工件产生方向恒定的电磁场。由于这种磁化方式所获得的磁力线能穿透工件表面一定深度，能发现近表面区较深的缺陷，故检测效果比较好，但退磁困难。

常见工件磁粉检测磁化方法的选择，见表 1-21。

表 1-21 常见工件磁粉检测磁化方法的选择

工件形状	缺陷方向	磁化方法选择	备注
长棒或长管 （包括长条方钢）	纵向	直接通电磁化法	
	横向	交流线圈通过法或分段磁化法	通过法适合于自动检测，分段磁化法适合于手工检测
	多方向	复合磁场磁化法	可以一次磁化完成检测，易实现自动检测
环形	纵向	中心导体磁化法	
	周向	线圈磁化法	
	多方向	旋转磁场磁化法	最理想的磁化方法
焊缝	纵向	支杆磁化法	
	横向	磁轭磁化法	
	横向	旋转磁场磁化法	不但可以发现横向缺陷，还可以发现其他方向缺陷
	表面缺陷	交流电磁化法	磁化电源采用交流电
	近表面缺陷	直流电磁化法	磁化电源采用直流电
轴型	纵向	直接通电磁化法	
	横向	通电线圈磁化法	
	多方向	多复合磁化法	纵向、横向缺陷同时检测

（三）复合磁化法

复合磁化法是使纵向磁化和周向磁化同时作用在工件上，使工件受到由两个互相垂直的磁场作用进行磁化的方法。这种方法采用直流电使磁轭产生纵向磁场，采用交流电直接向工件通电产生周向磁场。复合磁化法探伤时，需要对直流和交流电流强度进行适当调节，使工件表面产生大小和方向都变化的磁场强度，从而发现工件表面上任意方向上的缺陷显示痕迹。

在采用复合磁化时，必须先进行直流纵向磁化，然后进行交流周向磁化，这样可以充分发挥两种磁化的优点，获得较好的效果。如果先进行交流周向磁化，则在纵向缺陷处的磁痕，很容易被随后进行的直流纵向磁化产生的纵向直流磁场所消除。另一方面，先进行直流磁化，后进行交流磁化，对直流纵向剩磁的消除有利，使工件磁化后的退磁操作变得容易。

二、磁化电流的选择

为了在工件上产生磁场而采用的电流称为磁化电流。磁粉检测采用的磁化电流类型有交流电、整流电（包括单相半波整流电、单相全波整流电、三相半波整流电和三相全波整流电）、直流电和脉冲电流等。其中最常用的磁化电流是交流电、单项半波整流电、三相全波整流电三种。

三、磁化规范的选择

工件选择磁化电流值或磁场强度值所遵循的规则称为磁化规范。磁粉检测应使用既能检测出所有的有害缺陷，又能区分磁痕级别的最小磁场强度进行检测，这是因为磁场强度过大容易产生过度磁化，会掩盖相关显示，影响磁痕分析。

（一）选择磁化规范应考虑的因素

根据工件的材料、热处理状态和磁特性，确定采用连续法检测还是剩磁法检测及相应的磁化规范；根据工件的尺寸、形状、表面状态和准备检出缺陷的种类、位置、形状、大小，确定磁化方法、磁化电流种类、有效检测范围及相应的磁化规范。

（二）选择磁化规范的方法

1. 用经验公式计算

工件形状规则的磁化规范可用经验公式计算，如直接通电磁化法和中心导体法（又称心棒磁化法）。连续法磁化规范常选用 $I=(8\sim15)D$（D 为工件的直径，mm）；剩磁法磁化规范常选用 $I=(25\sim45)D$；触头法磁化时，若工件厚度 $T\geqslant20mm$，$I=(4\sim5)L$（L 为两触头间距，mm）。以上计算公式都属于经验公式。

2. 用仪器测量工件表面的磁场强度

在实际应用中，由于工件形状复杂，很难用经验公式计算出每个工件各个部位的磁场强度，可以采用测量磁场强度的仪器，如特斯拉计（高斯计），测量被磁化工件表面的切向磁场强度，比用经验公式计算更为可靠。无论采用何种磁化方法磁化，用连续法检测时，工件表面的切向磁场强度应至少为 2.4kA/m；用剩磁法检测时，工件表面的切向磁场强度应至少为 8.0kA/m。

3. 标准试片确定大致的磁化规范

对于形状复杂的工件，当难以用计算法得到磁化规范时，也可以使用标准试片贴在工件不同部位，根据标准试片上的磁痕显示情况来确定大致的磁化规范。

4. 周向磁化规范

（1）直接通电法和中心导体法　圆柱形或圆筒形工件用直接通电磁化法或中心导体法进行周向磁化时，一般推荐按下式计算磁化电流值，即

$$I=HD/320 \tag{1-1}$$

式中　I——磁化电流（A）；

H——磁场强度（A/m）；

D——工件直径（mm）。

我国普遍采用周向磁化标准规范，即连续法磁场强度至少为 2.4kA/m，剩磁法磁场强度至少为 8.0kA/m，代入 $I=HD/320$ 中，即得出连续法和剩磁法磁化的经验公式 $I=8D$ 和 $I=25D$，式中交流电流（AC）值用有效值表示，单相半波整流电（HW）和三相全波整流电（FWDC）用平均值表示。直接通电磁化法和中心导体法的磁化规范可按

表 1-22 公式计算。

表 1-22　直接通电磁化法和中心导体法磁化规范

规范	适用范围	检测方法	零件表面磁场强度	磁化电流计算公式		
				AC	HW	FWDC
标准规范	适用于除特殊要求以外的工件检测	连续法	≥2.4kA/m	$I=8D$	$I=6D$	$I=12D$
		剩磁法	≥8.0kA/m	$I=25D$	$I=16D$	$I=32D$
严格规范	适用于有特殊要求的工件检测，如检测低磁导率沉淀类钢的夹杂以及弹簧、喷嘴管等特殊工件	连续法	≥4.8kA/m	$I=15D$	$I=12D$	$I=24D$
		剩磁法	≥14.4kA/m	$I=45D$	$I=30D$	$I=60D$

对于压力容器磁粉检测，按 NB/T 47013.4—2015《承压设备无损检测　第 4 部分：磁粉检测》计算磁化规范。如轴向直接通电法磁化时，磁化电流值按下式进行计算，即

直流电（整流电）连续法：　　　　　　$I=(12\sim20)D$　　　　　　　(1-2)

直流电（整流电）剩磁法：　　　　　　$I=(25\sim45)D$　　　　　　　(1-3)

交流电连续法：　　　　　　　　　　　$I=(6\sim10)D$　　　　　　　(1-4)

式中　I——磁化电流（A）；

　　　D——工件横截面上最大尺寸（mm）。

对于形状不规则的非圆柱形工件，计算磁化电流值可采用工件的当量直径。所谓当量直径是指与该工件周长相等的圆柱直径，当量直径 $D=$ 周长$/\pi$。

（2）触头法　触头法周向磁化的磁场强度与磁化电流成正比，并与触头间距和被检工件截面厚度有关。触头间距应控制为 $75\sim200$mm，两次磁化应有 10% 的重叠。触头法周向磁化规范按表 1-23 进行计算。

表 1-23　触头法周向磁化规范

厚度 T/mm	触头法周向磁化规范		
	AC	HW	FWDC
$T<20$	$I=(3\sim4)L$	$I=(1.5\sim2.0)L$	$I=(3\sim4)L$
$T\geqslant20$	$I=(4\sim5)L$	$I=(2.0\sim2.5)L$	$I=(4\sim5)L$

注：I—磁化电流（A）；L—两触头间距（mm）。

5. 纵向磁化规范

（1）线圈法　纵向磁场磁化一般采用线圈使工件磁化。磁场强度的大小不仅取决于磁化电流，而且取决于线圈的匝数。所以，工件磁化规范用线圈匝数和通电电流的乘积，即安匝数来表示。此外，工件表面的磁场强度不仅取决于线圈空载时的磁场强度，而且与工件长度 L 和直径 D 的比值有关。棒、管类工件进行纵向磁化时，线圈中心磁场强度应达到如下规定。

当 $L/D\geqslant10$ 时，线圈中心磁场强度大于 1.2×10^4A/m。

当 $2\leqslant L/D<10$ 时，线圈中心磁场强度大于 2.0×10^4A/m。

当 $L/D<2$ 时，须把若干个工件串接起来。

用线圈磁化工件时，可用下式选择磁化规范：

当 $L/D \geqslant 4$ 时，$\qquad IN = \dfrac{35000}{2+L/D}$ $\qquad$ (1-5)

当 $2<L/D<4$ 时，$\qquad IN = \dfrac{45000}{L/D}$ $\qquad$ (1-6)

式中 L——工件长度（mm）；

$\qquad D$——工件直径或厚度（mm）；

$\qquad I$——磁化电流（A）；

$\qquad N$——线圈匝数。

（2）磁轭法 磁化规范的选择主要是对磁轭提升力的选择。通常，当使用磁轭的最大间距时，直流电磁轭至少应有 177N 的提升力，交流电磁轭至少应有 44N 的提升力。且磁轭的磁极间距应控制在 50~200mm，检测的有效范围是磁轭两侧各为磁轭磁级间距的 1/4 面积内，磁轭每次移动应有不少于 25mm 的覆盖区。

四、磁粉检测方法的选择

检测方法的选择，应根据工件材质和具体热处理状态下的剩磁、矫顽力大小以及对工件技术要求等来确定。根据不同的分类条件，磁粉检测方法主要包括干法与湿法、连续法与剩磁法等。

（一）干法与湿法

在磁粉检测中，根据磁粉分散介质的不同，将磁粉检测分为干法磁粉检测和湿法磁粉检测两种。

1. 干法磁粉检测

干法磁粉检测是用干磁粉施加到磁化的工件表面上进行检测的方法，简称为干法。干法磁粉检测时，必须在确认磁粉和工件表面完全干燥后方可进行。施加磁粉一般采用喷洒器把磁粉喷洒到工件表面上，也可将磁粉置于布袋中，用手轻轻拍打布袋，使磁粉散布到工件表面上，使其薄而均匀。要避免磁粉局部堆积过多，可用压缩空气将多余磁粉吹去，但应注意不要干扰缺陷磁痕。吹风时风压、风量和距离要适当，有顺序地连续移动风具，吹风方向应保持不变。干法磁粉检测适用于表面粗糙的工件，如大型铸、锻件毛坯，大型焊接件焊缝局部的检测，也可用于高温（315℃）和冻结温度条件下的检测；但干法难以用于剩磁法检测。干法常与便携式的支杆法和磁轭法检测仪配合进行检测。

2. 湿法磁粉检测

湿法磁粉检测是将磁粉按一定的比例与煤或水配成磁悬液施加到磁化的工件表面上进行检测的方法，简称湿法。湿法磁粉检测时，磁悬液通常盛装在一个容器中，然后通过软管和喷嘴施加到工件上（喷洒式），或者将工件浸入磁悬液内（浸入式）。喷洒式通常与连续法配合使用。采用剩磁法时，喷洒式和浸入式都可以用，主要视检测工件、设备及现场状况而定。喷洒式的灵敏度略低于浸入式。湿法磁粉检测操作简单，适用于复杂和大批量的工伤检测。湿法比干法灵敏度高，特别适用于检测表面细小的缺陷，但湿法不能在高温和冻结的低温条件下进行。

（二）连续法与剩磁法

在磁粉检测中，根据施加磁悬液或磁粉的情况不同，磁粉检测方法分为两种，即连续法和剩磁法。

1. 连续法

连续法是在外加磁场磁化工件的同时，将磁悬液或磁粉施加到工件上进行检测的方法。

（1）湿法连续法操作要点　可先施加磁悬液均匀润湿工件，然后通电磁化 1~3s，与此同时，喷洒磁悬液，停止喷洒后再继续通电数次，每次 0.5~1s 或者停止喷洒后继续通电数秒，待工件上磁悬液基本不流动后再切断磁化电流。若过早切断电流，还在流动的磁悬液会影响磁痕的形成。

（2）干法连续法操作要点　应在施加干磁粉之前就开始通磁化电流，并在施加磁粉和吹掉多余磁粉之后才断开电流。

连续法灵敏度较高，适合复合磁化。但检测效率低，易出现杂乱显示。对于形状复杂的大型工件、L/D 较小的工件、反磁场影响较大的工件和技术要求高以及表面覆盖层较厚的工件，宜采用连续法。此外，在检测委托书上未标明工件材质与热处理状态，检测人员又无法了解其材质时，应采用连续法检测。

2. 剩磁法

剩磁法是利用工件停止磁化后的剩磁进行检测的方法。操作要点：将工件通电磁化 0.5~1s，然后切断磁化电流，再在工件上喷洒磁悬液或将工件浸入搅拌均匀的磁悬液内 20~30s，取出后进行观察。凡经淬火、调质等热处理的中、高碳钢和合金钢，其材质的剩余磁感应强度为 0.8T，矫顽力在 800A/m 以上的构件，可以采用剩磁法检测。低碳钢以及处于退火状态的钢材不能进行剩磁法检测。剩磁法可以一人磁化工件，多人同时观察磁痕，检测效率高，适用于大批量的工件检测。此外，剩磁法不易出现干扰磁痕识别的杂乱显示。但用剩磁法进行交流电磁化时，剩磁不稳定，需加断电相位控制器，不适合复合磁化。

五、焊接件磁粉检测的内容与范围

焊接件磁粉检测包括两个方面：一是焊接件制造过程中不同工序间的检测，如坡口检测、焊接过程中的层间检测、焊缝检测、机械损伤部位的检测等；二是重大设备和压力容器在运行中的定期检测。

（一）焊接件制造过程中不同工序间的检测内容与范围

1. 坡口检测

坡口检测的缺陷主要是分层和裂纹。分层是材料缺陷；裂纹有两种，一种是沿分层端部开裂的裂纹，其方向大多平行于表面，另一种是火焰切割裂纹，主要位于坡口和钝边处。

2. 焊缝检测

焊缝检测的缺陷主要是焊接裂纹，检测范围为焊缝和热影响区。

3. 机械损伤部位的检测

工件临时焊接的吊耳在组装完毕后需拆除，这时要求对这些部位经打磨后检测，主要检查裂纹。

（二）重大设备和压力容器在运行中的定期检测

《在用压力容器检测规程》中规定，一般要求 3 年或 6 年对压力容器进行一次全面检测。全面检测时，要求对罐体内外表面对接焊缝进行表面检测。主要检测内容是使用过程中产生的表面裂纹，检测范围是焊缝和热影响区。

六、几种检测情况的特殊要求

（一）坡口检测

利用触头法沿坡口纵长方向磁化，是检查坡口表面与电流方向平行的分层和裂纹最有效的方法，操作方便，检测灵敏度高。检测时，将触头垫上垫或包上铜编织网，以防打火烧伤工件表面。

（二）碳弧气刨的检测

检测时，把交叉磁轭跨在碳弧气刨沟槽中间，如图 1-44 所示，沿沟槽方向连续行走；并应根据构件位置采用喷洒或刷涂磁悬液的方法，原则是交叉磁轭通过后不得使磁悬液残留在气刨沟槽内，否则将无法观察磁痕显示。

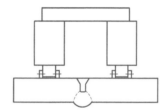

图 1-44　碳弧气刨面的检测

（三）球形压力容器的检测

1. 检测部位

球形容器的内、外侧所有焊缝（包括管板接头及柱腿与球皮连接处的角焊缝）和热影响区以及母材机械损伤部分。

2. 表面清整

应把焊缝表面的焊接波纹及热影响区表面的飞溅物用砂轮进行打磨，不得有凹凸不平的棱角。

3. 检测操作

检测操作应注意：检测对接焊缝时，把交叉磁轭跨在焊缝上连续行走。当检查球罐纵缝时，交叉磁轭行走方向要自上而下；当检查球罐环缝时，交叉磁轭向左向右行走都可以；孔管板接头的角焊缝，可用绕电缆法和触头法检测；母材机械损伤部分的面积一般都不大，检测时可将交叉磁轭置于损伤部位上面固定不动，若面积较大，可前后移动交叉磁轭进行检测；对于柱腿与球壳连接处的角焊缝，由于位置关系无法用交叉磁轭检测，多用触头法和绕电线法检测。

七、磁粉检测的操作工艺

(一) 程序

不同材质的工件，其磁粉检测中工艺程序有所不同，但其主要工艺是基本相同的。一般程序为：

工件表面处理 → 磁化工件 → 施加磁悬液或磁粉 → 观察、检查 → 退磁 → 后处理 → 记录与填写报告

工件表面处理如图 1-45 所示。工件表面状况对于磁粉检测的操作和检测灵敏度都有很大的影响，为此，检测前必须使工件表面保持清洁、干燥。磁粉检测前，应清除工件表面的油脂、污垢、漆层、毛刺、砂土和松动氧化皮，油漆可用除漆剂去除，焊缝可用砂轮修整。

(二) 施加磁悬液或磁粉

如图 1-46 所示，正确地施加磁悬液或磁粉是影响缺陷检出效果的重要因素之一，要求检测人员有相应的技术水平。

 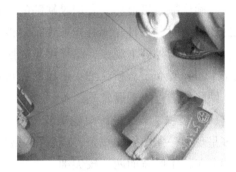

图 1-45　工件表面处理　　　　　　　　图 1-46　施加磁粉

1) 对于湿法剩磁法、湿法连续法和干法连续法，磁悬液和磁粉的施加是不同的。操作时应严格遵守操作要点。

2) 磁悬液浓度要定期测定，喷洒磁悬液时的压力和喷液量应适中。对于固定式磁粉检测中循环使用的磁悬液，要求每次使用前测定磁悬液的浓度。压力容器焊缝检测时，新配制磁悬液和更换磁悬液均应测定其浓度，以使整个检测过程中的磁悬液浓度保持一致，确保检测质量。

(三) 磁化

如图 1-47 所示，在对工件进行磁化时，需要做好以下几项工作。

1) 根据工件所用材质和热处理状态，确定采用连续法还是剩磁法检测。

2) 根据需要检出缺陷的深度，确定选用磁化电流的种类。检出表面缺陷，可选用交流电；检出近表面缺陷，可选用整流电。

3) 根据工件的形状、尺寸和需要检测部位及缺陷的方向，确定采用的磁化方法。选择磁化方法的一个重要原则是磁场的方向尽可能与要检出的缺陷方向垂直。

4) 根据检测标准规定的磁化规范和工件尺寸，正确计算磁化电流值。

5）按照确定的磁化参数，对工件进行磁化。

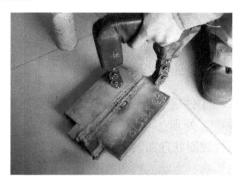

图 1-47　磁化过程

（四）磁痕观察与检查

检查与观察工件表面上的磁痕应在磁粉吹去的同时（干法）或磁悬液喷洒终止后且磁悬液基本停止流动时（湿法）进行。在这一环节中，需进行磁痕分析，识别真伪缺陷磁痕。确认缺陷磁痕后，要记录缺陷的位置、形状与大小，并应按标准进行评定。非荧光磁粉检测时，在日光或灯光下观察，被检区的白光照度应不低于 500lx。荧光磁粉检测时，在暗场紫外灯下观察，暗场可见光照度应低于 20lx，被检区域的紫外线辐照度不应低于 $1\,000\mu W/cm^2$。辨认细小磁痕时，可用 2~10 倍放大镜。

缺陷的磁痕表现通常是：

（1）裂纹　裂纹的磁痕轮廓较分明，对于脆性开裂多表现为粗而平直；对于塑性开裂多呈现为一条曲折的线条，或者在主裂纹上产生一定的分叉。它可连续分布，也可以断续分布，中间宽而两端较尖细。

（2）条状夹杂物　条状夹杂物的分布没有一定的规律，其磁痕不分明，具有一定的宽度，磁粉堆积比较低而平坦。

（3）气孔和点状夹杂物　气孔和点状夹杂物的分布没有一定的规律，可以单独存在，也可密集成链状或群状存在。磁痕的形状与缺陷的形状有关，具有磁粉聚积比较低而平坦的特征。

（4）非缺陷的磁痕　工件由于局部磁化、截面尺寸突变、磁化电流过大以及表面机械划伤等会使磁粉局部聚积而造成误判，可结合检测时的情况予以区别。

工件上的磁痕有时需要保存下来，作为永久性记录。磁痕记录一般采用照相、贴印、橡胶铸型复印、摹绘等方法。

（五）退磁

磁粉检测后的构件，不是所有的都要退磁。需要退磁的构件，按其具体工艺要求，选用能满足退磁要求的方法进行退磁。常用的退磁方法有交流退磁法和直流退磁法。

1. 交流退磁法

（1）通过法　对于中小型工件的批量退磁，最有效的方法是把工件放在装有轨道和拖板的退磁机上退磁。

（2）衰减法　将工件放在线圈内，或将工件夹在检测机的两磁化夹头之间，或用支杆触头接触工件后，将电磁递减进行退磁。进行退磁时，交流电的方向不断地改变，用自动衰减退磁器或调压器逐渐降低电流直至为"0"。

对于大型压力容器的焊缝，也可用交流电磁轭退磁。将电磁轭两极跨接在焊缝两侧，接通电源，让电磁轭沿焊缝缓慢移动，当远离焊缝 0.5m 以外再断电，进行退磁。

对平大面积扁平工件，退磁可采用扁平线圈退磁器，如图 1-48 所示。退磁器内装有 U 形交流电磁铁，铁心两极串绕退磁线圈，外壳由非磁性材料制成。用软电缆盘成螺旋线，通上低电压大电流，便构成退磁器。使用时，给扁平线圈通电后像电熨斗一样在工件表面来回熨，熨完后使扁平线圈远离工件 0.5m 以外后再断电，进行退磁。

2. 直流退磁法

用直流电磁化的工件，为了使工件内部能获得良好的退磁，常采用直流换向衰减法和超低频电流自动退磁，如图 1-49 所示。

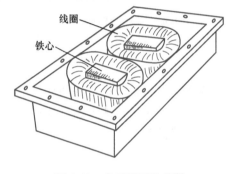

图 1-48　扁平线圈退磁器

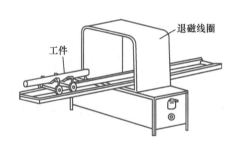

图 1-49　直流退磁

（1）直流换向衰减退磁　通过机械的方法不断改变直流电（包括三相全波整流电）的方向，同时通过工件的电流递减到零进行退磁。

（2）超低频电流自动退磁　超低频通常指频率为 $0.5\sim10Hz$。由于超低频电流可以透入工件内较深的部位，所以可用于对直流磁化的工件进行退磁。

（六）后处理

磁粉检测后，工件表面会残留部分磁粉或磁悬液，当残留的磁粉或磁悬液会影响工件以后的加工和使用时，应在检测后进行清洁处理。

干法检测时，可用压缩空气吹去残留在工件表面上的磁粉；湿法检测时，油基磁悬液可用汽油清除，水基磁悬液可用含防锈剂的水性洗涤液清洗。此外，还应将工件烘干，或用压缩空气吹干。

（七）磁粉检测报告

1. 磁痕评定与记录

按磁粉检测标准（NB/T 47013.4—2015）进行。除了能确认磁痕是由于工件材料局部磁性不均或操作不当造成的之外，其他一切磁痕显示均为缺陷磁痕处理；两条或两条以上缺陷磁痕在同一直线上且间距小于或等于 2mm 时，按一条缺陷处理，其长度为每条缺陷的长度加间距的长度；长度小于 0.5mm 的缺陷磁痕不计；对缺陷磁痕的尺寸、数量和产生部位进行记录；缺陷磁痕的永久性记录可采用胶带法、照相法以及其他适当的方法；辨认细小缺陷磁痕前，应用 $2\sim10$ 倍放大镜进行观察。

2. 复检

当出现下列情况之一时，应进行复验：检测结束时，用灵敏度试片验证检测灵敏度不符合要求；发现检测过程中操作方法有误；供需双方争议或认为有其他需要时；经返修后的部位。

3. 缺陷等级评定

下列缺陷不允许存在：任何裂纹和白点；任何横向缺陷显示；焊缝及紧固件上任何长度大于 1.5mm 的线性缺陷显示；单个尺寸大于或等于 4mm 的圆形缺陷显示。缺陷显示累计长度的等级按表 1-24 进行评定。

表 1-24　缺陷显示累计长度的等级评定

评定区尺寸/mm×mm	等级				
	I	II	III	IV	V
35×100 （用于焊缝及高压紧固件）	<0.5mm	≤2mm	≤4mm	≤8mm	>8mm

4. 磁粉检测报告

磁粉检测报告至少包含以下内容：被检测工的描述；磁粉检测设备的描述；检测比例、检测要求的描述；仪器的校验情况；缺陷记录与评定结果；检测人和日期；评定人和日期；审核人和日期。磁粉检测报告表格推荐的格式见表 1-25。

表 1-25　磁粉检测报告的格式

检验单位		委托单位	
工件名称		工件编号	
材料		热处理状态	
磁化设备		磁化方法	
检测方法		磁粉名称	
试片名称、型号		验收标准	
测试结果			
工件和缺陷示意图			
检测日期	检测者	审核	室主任

（八）磁粉检测的安全知识

1）操作前先确认所接电源电压为 220V。

2）空载时不能按下磁化开关，否则会使电磁线圈发热老化。

3）操作时探头两端紧贴工件表面，然后按下磁化开关。

4）千万不要使用触头法和通电法磁化盛装过易燃易爆物质的容器内壁焊缝，以防出现火花引起火灾和人身事故。

知识点 3 ▶▶ 磁粉检测过程

一、检测前准备

（一）检测铁磁性材料工件

例如：对铁磁性材料筒壁纵缝可采用磁轭法进行检测，工件尺寸为 $\phi 150\text{mm} \times 450\text{mm} \times 26\text{mm}$，引弧板厚 3mm，衬垫厚 12mm，焊缝宽 30mm，对此焊缝可采用磁轭法进行检测。采用的磁粉检测设备型号为 DCE-Ⅱ型便携式磁粉检测机，主要由主机电源、磁轭、电缆（电源电缆、磁轭与主机连接电缆）组成。

（二）检测器材

（1）磁粉　一般灵敏度下采用普通黑色磁粉即可，但对于灵敏度要求较高的工件，检测时可采用荧光磁粉。对一纵焊缝的管板焊件，采用黑色磁粉，按操作说明书要求将其混合在水中配置成磁悬液，并采用梨形滴定管进行磁粉深度测定，满足标准要求即可，磁悬液使用前需要进行搅拌。

（2）试片　A1 型灵敏度试片，焊缝磁粉检测常 A1-30/100 试片作为检测灵敏度的测试工具。

（3）其他器材　钢直尺、照明灯、胶带、照相机。

（三）设备校验

磁粉检测设备使用前必须要进行相应的校验，确保设备使用有效。对于磁轭法检测用设备，必须按标准（NB/T 47013—2015）的要求，每年进行提升力的测定。

（四）工件表面准备

根据标准要求，焊缝及焊缝两侧各 25mm 范围为检测区，因此检测前对此区域进行检查，确定该区域内试件表面没有任何影响磁痕显示的缺陷存在，如果发现有缺陷存在，必须在检测前打磨去除。

对纵焊缝划定每次磁化的区域，对于 150mm 长的磁轭，两侧的有效磁化区域约为 35mm，即与磁轭轴向垂直宽度 70mm 的区域为每次有效检测区，确保相邻两次磁化区域有 10% 的重叠区。

二、检测操作

1）接通设备上相应电缆，确认设备处于完好状态。

2）将 A1 型试片无人工缺陷的一面朝上，用胶带粘贴在焊缝边缘。注意胶带不能粘在有人工缺陷显示的位置，即试片中心50mm的圆周范围内。

3）将磁轭架在已放置试片的纵焊缝区域，接通电源并同时施加磁粉，每次通电0.5s，连续通电2~3次，注意断电之前停止施加磁悬液。然后将磁轭旋转90°，与焊缝平行并跨过试片，再进行2~3次磁化，并同时进疗观察。此时如果试片上显示了一个十字形磁痕，则说明检测灵敏度满足标准要求，可以进行正常检测程序。否则，必须检查原因，或更换设备再进行试片检测，直到灵敏度满足要求后才能进行正式的检测。

4）灵敏度检测合格后，将试片取走，对焊缝进行检测，按之前划好的区域，以相互成90°的方向进行检测，并施加磁悬液，同时采用照明灯观察。

三、检测结果评定

1）停止施加磁悬液后，开始观察焊缝表面及两侧25mm范围内有无磁痕显示，对有显示的磁痕进行分析。

2）对确认是缺陷的磁痕，需要利用钢直尺进行显示长度测定，以及进行缺陷特性评定，并采用照相或胶带的方式进行显示记录。

3）对于确认不是缺陷显示或不能确认时，需要重新进行磁化和施加磁悬液进行检测。如果再现性较好，则可认为是缺陷，并进行评定和记录；如果无再现性，则可认为是伪显示。

4）本纵缝根据标准（NB/T 47013.4—2015）评定级别，检测结果评定为Ⅰ级则为合格。

由于铁磁性材料磁化后将残留磁性，可能影响下道工序的加工或影响工件的使用，如需要可对被检工件进行退磁处理（在专用退磁设备上进行）。退磁完成后，按标准要求撰写磁粉检测结果和磁粉检测报告。

磁粉检测

磁粉检测适用范围

磁粉检测设备

磁粉施加方法

● 自学自测 ●

1. 磁粉检测能够检测焊接工件的哪些缺陷？
2. 磁粉检测使用哪些工具？
3. 磁粉检测的工具有哪些使用规则？
4. 磁粉检测要注意哪些安全防护问题？

● 任务实训 ●

空气储罐筒体焊缝的磁粉检测工作单

──〈 计划单 〉──

学习领域	焊接质量检验		
学习情境 1	焊缝表面缺陷检测	任务 2	空气储罐筒体焊缝的磁粉检测
工作方式	由小组讨论，制订完成本小组实施计划	学时	1
完成人	1.　　　2.　　　3.　　　4.　　　5.　　　6.		
计划依据	1. 被检工件的图样；2. 教师分配的工作任务		
序号	计划步骤		具体工作内容描述
	准备工作 （准备工具、材料，谁去做？）		
	组织分工 （成立组织，人员具体都完成什么？）		
	现场记录 （都记录什么内容？）		
	检测点标记 （如何标记？）		
	核对工作 （谁去核对，都核对什么？）		
	整理资料 （谁负责？整理什么？）		
制订计划说明	写出在制订计划过程中小组成员就如何完成任务提出的主要建议以及需要说明的事项		
计划评价	评语：		
班级		第　　组	组长签字	
教师签字			日期	

决策单

学习领域	焊接质量检验		
学习情境 1	焊缝表面缺陷检测	任务 2	空气储罐筒体焊缝的磁粉检测
决策目的	确定本次检测人员分工及具体工作内容	学时	0.5
方案讨论		组号	

方案决策	组别	步骤顺序性	步骤合理性	实施可操作性	选用工具合理性	方案综合评价
	1					
	2					
	3					
	4					
	5					
	1					
	2					
	3					
	4					
	5					
	1					
	2					
	3					
	4					
	5					

方案评价	评语：

班级		组长签字		教师签字		月　日

工具单

场地准备	教学仪器 （工具）准备	资料准备
质检一体化教室	待检工件、磁粉检测机、磁悬液	焊接设备使用说明书 压力容器与压力容器工件生产工艺卡 磁粉检测工艺卡 质量报告单

作业单

学习领域	焊接质量检验		
学习情境 1	焊缝表面缺陷检测	任务 2	空气储罐筒体焊缝的磁粉检测
参加焊缝表面缺陷检测人员	第　　组		学时
			1
作业方式	小组分析，个人解答，现场批阅，集体评判		

序号	工作内容记录 （表面缺陷检测的实际工作）	分工 （负责人）
小结	主要描述完成的成果及是否达到目标	存在的问题

班级		组别		组长签字	
学号		姓名		教师签字	
教师评分		日期			

检查单

学习领域	焊接质量检验				
学习情境1	焊缝表面缺陷检测		学时		20
任务2	空气储罐筒体焊缝的磁粉检测		学时		10

序号	检查项目	检查标准	学生自查	教师检查
1	任务书阅读与分析能力，正确理解及描述目标要求	准确理解任务要求		
2	与同组同学协商，确定人员分工	较强的团队协作能力		
3	查阅资料能力，市场调研能力	较强的资料检索能力和市场调研能力		
4	资料的阅读、分析和归纳能力	较强的分析报告撰写能力		
5	焊接质量检验的磁粉检测	质检工艺确定及操作的能力		
6	安全生产与环保	符合"5S"要求		
7	事故的分析诊断能力	事故处理得当		
检查评价	评语：			

班级		组别		组长签字	
教师签字				日期	

● 任务评价 ●

评价单

学习领域	焊接质量检验				
学习情境 1	焊缝表面缺陷检测		任务 2	空气储罐筒体焊缝的磁粉检测	
评价学时			课内 0.5 学时		
班级：			第　　组		
考核情境	考核内容及要求	分值	学生自评（10%）	小组评分（20%）	教师评分（70%）	实得分
计划编制（20 分）	资源利用率	4				
	工作程序的完整性	6				
	步骤内容描述	8				
	计划的规范性	2				
工作过程（40 分）	工作完整性	10				
	工作质量	5				
	报告完整性	25				
团队情感（25 分）	核心价值观	5				
	创新性	5				
	参与率	5				
	合作性	5				
	劳动态度	5				
安全文明（10 分）	工作过程中的安全保障情况	5				
	工具正确使用和保养、放置规范	5				
工作效率（5 分）	能够在要求的时间内完成，每超时 5min 扣 1 分	5				
总分（Σ）		100				

小组成员评价单

学习领域	焊接质量检验		
学习情境 1	焊缝表面缺陷检测	任务 2	空气储罐筒体焊缝的磁粉检测
班级		第　组　成员姓名	
评分说明	每个小组成员评价分为自评和小组其他成员评价两部分，取其计算平均值，作为该小组成员的任务评价个人分数。评价项目共设计 5 个，依据评分标准进行量化打分。小组成员自评分后，再由小组其他成员不记名方式打分		

对象	评分项目	评分标准	评分
自评 （100分）	核心价值观（20分）	是否有违背社会主义核心价值观的思想及行动	
	工作态度（20分）	是否按时完成负责的工作内容、遵守纪律，是否积极主动参与小组工作，是否全过程参与，是否吃苦耐劳，是否具有工匠精神	
	交流沟通（20分）	是否能良好地表达自己的观点，是否能倾听他人的观点	
	团队合作（20分）	是否与小组成员合作完成任务，做到相互协作、互相帮助、听从指挥	
	创新意识（20分）	看问题是否能独立思考、提出独到见解，是否能够用创新思维解决遇到的问题	
成员 1 （100分）	核心价值观（20分）	是否有违背社会主义核心价值观的思想及行动	
	工作态度（20分）	是否按时完成负责的工作内容、遵守纪律，是否积极主动参与小组工作，是否全过程参与，是否吃苦耐劳，是否具有工匠精神	
	交流沟通（20分）	是否能良好地表达自己的观点，是否能倾听他人的观点	
	团队合作（20分）	是否与小组成员合作完成任务，做到相互协作、互相帮助、听从指挥	
	创新意识（20分）	看问题是否能独立思考、提出独到见解，是否能够用创新思维解决遇到的问题	
成员 2 （100分）	核心价值观（20分）	是否有违背社会主义核心价值观的思想及行动	
	工作态度（20分）	是否按时完成负责的工作内容、遵守纪律，是否积极主动参与小组工作，是否全过程参与，是否吃苦耐劳，是否具有工匠精神	
	交流沟通（20分）	是否能良好地表达自己的观点，是否能倾听他人的观点	

（续）

对象	评分项目	评分标准	评分
成员 2 （100 分）	团队合作（20 分）	是否与小组成员合作完成任务，做到相互协作、互相帮助、听从指挥	
	创新意识（20 分）	看问题是否能独立思考、提出独到见解，是否能够用创新思维解决遇到的问题	
成员 3 （100 分）	核心价值观（20 分）	是否有违背社会主义核心价值观的思想及行动	
	工作态度（20 分）	是否按时完成负责的工作内容、遵守纪律，是否积极主动参与小组工作，是否全过程参与，是否吃苦耐劳，是否具有工匠精神	
	交流沟通（20 分）	是否能良好地表达自己的观点，是否能倾听他人的观点	
	团队合作（20 分）	是否与小组成员合作完成任务，做到相互协作、互相帮助、听从指挥	
	创新意识（20 分）	看问题是否能独立思考、提出独到见解，是否能够用创新思维解决遇到的问题	
成员 4 （100 分）	核心价值观（20 分）	是否有违背社会主义核心价值观的思想及行动	
	工作态度（20 分）	是否按时完成负责的工作内容、遵守纪律，是否积极主动参与小组工作，是否全过程参与，是否吃苦耐劳，是否具有工匠精神	
	交流沟通（20 分）	是否能良好地表达自己的观点，是否能倾听他人的观点	
	团队合作（20 分）	是否与小组成员合作完成任务，做到相互协作、互相帮助、听从指挥	
	创新意识（20 分）	看问题是否能独立思考、提出独到见解，是否能够用创新思维解决遇到的问题	
成员 5 （100 分）	核心价值观（20 分）	是否有违背社会主义核心价值观的思想及行动	
	工作态度（20 分）	是否按时完成负责的工作内容、遵守纪律，是否积极主动参与小组工作，是否全过程参与，是否吃苦耐劳，是否具有工匠精神	
	交流沟通（20 分）	是否能良好地表达自己的观点，是否能倾听他人的观点	
	团队合作（20 分）	是否与小组成员合作完成任务，做到相互协作、互相帮助、听从指挥	
	创新意识（20 分）	看问题是否能独立思考、提出独到见解，是否能够用创新思维解决遇到的问题	
最终小组成员得分			

● 课后反思 ●

学习领域	焊接质量检验		
学习情境 1	焊缝表面缺陷检测	任务 2	空气储罐筒体焊缝的磁粉检测
班级		第　　组	成员姓名
情感反思	通过对本任务的学习和实训，你认为自己在社会主义核心价值观、职业素养、学习和工作态度等方面有哪些需要提高的部分？		
知识反思	通过对本任务的学习，你掌握了哪些知识点？请画出思维导图。		
技能反思	在完成本任务的学习和实训过程中，你主要掌握了哪些技能？		
方法反思	在完成本任务的学习和实训过程中，你主要掌握了哪些分析和解决问题的方法？		

压力容器焊缝内部缺陷检测

工作目标

通过本情境的学习，使学生具有以下的能力和水平。

1) 对空气储罐筒体焊缝的内部缺陷实施检测的能力。

2) 通过射线检测方法检测工件内部缺陷，对缺陷的性质进行评定的能力。

3) 确定缺陷的埋藏深度，完成射线检测对焊接质量评级的能力。

4) 掌握使用超声检测设备检测工件内部缺陷，对缺陷的性质进行评定的能力。

5) 确定缺陷的埋藏深度，完成超声检测对焊接质量评级的能力。

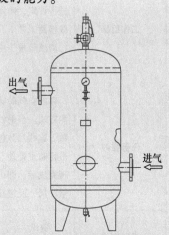

工作任务

1) 掌握焊缝射线检测和超声检测的原理及设备构成。

2) 掌握射线检测工艺和超声检测工艺的编制。

3) 掌握射线检测设备和超声检测设备的操作。

4) 掌握射线检测和超声检测焊接缺陷的质量评定。

情境导入

作为焊接质量检测人员，在完成空气储罐的外观检测后需要对其内部质量进行检测。图 2-1 所示为空气储罐结构简图，由于空气储罐的工作性质对焊接制造质量有很高要求，本学习情境就是通过射线检测检测工件内部缺陷，对缺陷的性质进行评定，确定缺陷的埋藏深度，对焊接质量进行评级。在此过程中需要掌握射线检测设备的操作方法；掌握射线检测工艺参数的选取，设计射线检测工艺卡，并按照正确的规范实施工艺操作。将操作过程及检测结果填写在检测质量报告中，完成焊接质量的评定。

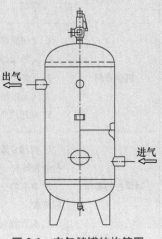

图 2-1　空气储罐结构简图

任务 空气储罐筒体焊缝的射线检测

任务单

学习领域	焊接质量检验		
学习情境2	压力容器焊缝内部缺陷检测	任务1	空气储罐筒体焊缝的射线检测
任务学时		10 学时	

布置任务

工作目标	完成空气储罐筒体焊缝的内部缺陷检测。通过射线检测检验工件内部缺陷，对缺陷的性质进行评定，确定缺陷的埋藏深度，对焊接质量进行评级。掌握射线检测的操作工艺，设计射线检测工艺卡，并按照正确的工艺参数实施射线检测操作，并将操作过程及分析结果填写在检测质量报告中，从而实现本课程的学习目标。所需的仪器包括射线检测机、像质计、评片灯等。					
任务描述	针对空气储罐所用的焊接方法估计在筒体焊缝上可能出现的缺陷种类，选用合理的射线检测方法。当射线检测方法确定后，即可对射线检测设备进行调试，选用合适的射线检测参数，这些参数包括管电流、管电压、曝光时间和焦距等。在完成射线照射后即可对射线底片进行暗室处理。射线底片的暗室处理基本过程包括显影、定影、停显、水洗和干燥。底片处理完成后，即可在评片灯上对射线底片进行评定。在评定的过程中可以确定缺陷的种类、数量、尺寸及埋藏深度等信息，进而确定焊缝质量等级。					
学时安排	资讯 4 学时	计划 1 学时	决策 1 学时	实施 3 学时	检查 0.5 学时	评价 0.5 学时
提供资料	1. 《国际焊接工程师培训教程》，哈尔滨焊培中心，2013。 2. 《国际焊接技师培训教程》，哈尔滨焊培中心，2013。 3. 《焊接检验》第 3 版，姚佳、李荣雪主编，机械工业出版社，2020。 4. 《无损检测手册》第 2 版，李家伟主编，机械工业出版社，2012。 5. 利用网络资源进行咨询。					
对学生的要求	1. 焊接专业基础知识（焊接方法、工艺、生产），经历了专业实习，对焊接企业的产品及行业领域有一定的了解。 2. 具有独立思考、善于发现问题的良好习惯。能对任务书进行分析，能正确理解和描述目标要求。 3. 具有查询资料和市场调研能力，具备严谨求实和开拓创新的学习态度。					

资讯单

学习领域	焊接质量检验		
学习情境 2	压力容器焊缝内部缺陷检测	任务 1	空气储罐筒体焊缝的射线检测
资讯学时			4
资讯方式	在图书馆杂志、教材、互联网及信息单上查询问题；咨询任课教师		
资讯内容	知识点	射线检测	问题 1：压力容器的焊接内部缺陷需要按照哪些标准规定进行检测？
			问题 2：压力容器的焊接内部缺陷需进行哪些检测？
			问题 3：射线检测的准备工作有哪些？
			问题 4：如何检查压力容器的内部缺陷？
			问题 5：如何检测焊缝的内部缺陷尺寸？
			问题 6：X 射线有哪些危害，如何防止辐射？
			问题 7：如何对射线检验的结果进行质量评定？
			问题 8：射线底片的暗室处理基本过程有哪些？
			问题 9：射线检测参数包括哪些？
			问题 10：射线检测系统的构成及使用注意事项有哪些？
			问题 11：射线检测可以检测的焊接内部缺陷属于哪些类型？
	技能点		完成射线检测工艺编制，正确实施射线检测操作，能够完成对焊接检测结果的正确评定。正确记录操作过程、检测结果，完成质量检测报告的正确填写。
	思政点		1. 培养学生爱国情怀和民族自豪感，爱国敬业、诚信友善。 2. 培养学生树立质量意识、安全意识，认识到我们每一个人都是工程建设质量的守护者。 3. 培养学生具有社会责任感和社会参与意识。
	学生需要单独资讯的问题		

📚 | 知识链接

知识点 **1** ▶▶ **射线检测原理**

一、X 射线的特性及检测原理

1. X 射线的特性

X 射线是一种波长很短的电磁波，是一种光子，波长为 0.001 ~ 10nm 之间。X 射线具有穿透性，能穿透一般可见光所不能透过的物质。其穿透能力的强弱，与 X 射线的波长以及被穿透物质的密度和厚度有关。X 射线波长越短，穿透力就越大；物质的密度越低，厚度越薄，则 X 射线越易穿透。在实际工作中，通过球管的电压伏值（kV）的大小来确定 X 射线的穿透性（即 X 射线的质），而以单位时间内通过 X 射线的电流（mA）与时间的乘积代表 X 射线的量。

X 射线具有电离作用，X 射线或其他射线（例如 γ 射线）通过物质被吸收时，可使组成物质的分子分解成为正负离子，称为电离作用，离子的多少和物质吸收的 X 射线量成正比。通过空气或其他物质产生电离作用，利用仪表测量电离的程度，就可以计算 X 射线的量。检测设备正是由此实现对零件的检测。X 射线还有其他作用，如使荧光物质感光、使荧光屏发光，并且 X 射线会对生物细胞产生影响。

2. 射线照相法原理

X 射线是从 X 射线管中产生的，X 射线管是一种两极电子管。将阴极灯丝通电使之加热至白炽状态，电子即可在真空中放出，如果两极之间加几十千伏以至几百千伏的电压（叫作管电压）时，电子就从阴极向阳极方向加速飞行，获得很大的动能，当这些高速电子撞击阳极时，与阳极金属原子的核外库仑场作用，即可放出 X 射线。电子的动能部分转变为 X 射线能，其中大部分都转变为热能。电子是从阴极移向阳极的，而电流则相反，是从阳极向阴极流动的，这个电流叫作管电流。要调节管电流，只要调节灯丝加热电流即可。管电压的调节是靠调整 X 射线装置主变压器的一次电压来实现的。

利用射线透过物体时，会发生吸收和散射这一特性，通过测量材料中因缺陷存在影响射线的吸收来探测缺陷。X 射线和 γ 射线通过物质时，其强度逐渐减弱。射线还有个重要性质，就是能使胶片感光。当 X 射线或 γ 射线照射胶片时，与普通光线一样，能使胶片乳剂层中的卤化银产生潜像中心，经过显影和定影后就黑化，接收射线越多的部位黑化程度越高，这个作用称为射线的照相作用。因为 X 射线或 γ 射线使卤化银的感光作用比普通光线小得多，所以必须使用特殊的 X 射线胶片，这种胶片的两面都涂敷了较厚的乳胶。此外，还使用一种能加强感光作用的增感屏，增感屏通常用铅箔做成，把这种曝过光的胶片在暗室中经过显影、定影、水洗和干燥，再将干燥的底片放在观片灯上观察，通过比较底片上有缺陷部位与无缺陷部位的黑度图像不同，就可判断出缺陷的种类、数量、大小等，这就是射线照相检测的原理。

二、射线检测方法及其原理

射线检测方法根据观察方法的不同分为射线照相法、射线荧光屏观察法、射线电离法和射线实时成像法。

1. 射线照相法

射线在穿透物质过程中会与物质发生相互作用，因吸收和散射而使其强度减弱。射线强度衰减程度取决于物质的衰减系数和厚度。如果被透照物体（工件）局部有缺陷，由于缺陷处介质的衰减系数与工件的衰减系数不同，该局部区域透过的射线强度就会与周围产生差异，存在强度差异的射线使胶片感光后，经暗室处理得到的射线底片上即显示出缺陷影像。

2. 射线荧光屏观察法和射线电离法

射线荧光屏观察法是将透过被检物体后的不同强度的射线，再投射在涂有荧光物质的荧光屏上，激发出不同强度的荧光而得到物体内部的图像。射线电离法是利用射线电离作用和借助电离探测器，使被电离的气体形成电离电流，通过电离电流的大小来反映射线的强弱。当工件存在缺陷时，则作用到电离探测器的射线强度发生变化，产生的电离电流的大小也随之发生变化。

3. 射线实时成像法

射线实时成像法是一种在射线透照的同时即可观察到所产生的图像的检验方法，这种方法的主要过程是利用荧光屏将射线与光进行转换。射线源透过工件后在荧光屏检测器上成像，通过电视摄像机摄像后，将图像或直接显示或通过计算机处理后显示在监视屏上，以评定工件内部质量。该检验方法具有快速、高效、动态、多方位在线检测等优点，因此除用于工业生产检验外，还广泛应用于车站、海关的安全检查及食品包装夹杂物的检查。

知识点 *2* ▶▶ 射线检测设备

一、射线照相法检测系统的组成

射线照相法检测是一种较为常用的检测方法，射线照相法检测系统的构成如图 2-2 所示。射线照相法检测系统的主要组成包括射线源、射线胶片与暗盒、增感屏、像质计、标记系、散射线防护装置。

二、射线源

1. X 射线机

X 射线机是射线源的一种，一般可分为携带式、移动式和固定式三种。X 射线机通常由 X 射

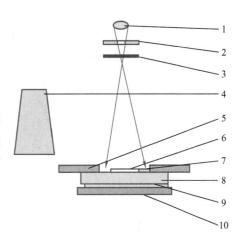

图 2-2　射线照相法检测系统
1—射线源　2—铅光阑　3—滤板　4—铅罩
5—铅遮板　6—像质计　7—标记系　8—工件
9—暗盒　10—铅底板

线管、高压发生器、控制装置、冷却器、机械装置和高压电缆等组成。X 射线管工作原理如图 2-3 所示,便携式 X 射线机如图 2-4 所示。

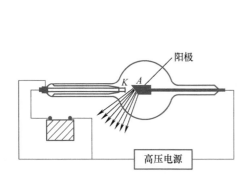

图 2-3　X 射线管工作原理简图　　　　图 2-4　便携式 X 射线机

2. γ 射线机

γ 射线机的优点是:穿透力强;透照过程中不用水和电,适合特殊场合使用;可在狭小的地方使用。γ 射线机的缺点是:由于半衰期短,所以 γ 射线源更换频繁;要求有严格的防护措施;灵敏度略低。

3. 加速器

加速器是一种利用电磁场使带电粒子获得能量的装置。其特点是:能量高,焦点尺寸小,灵敏度高,应用广泛。

三、射线胶片与暗盒

工业 X 射线胶片的种类和特征见表 2-1。暗盒采用对射线吸收不明显的柔软材料制成,作用是保护胶片不受光照和机械损伤。

表 2-1　工业 X 射线胶片的种类和特征

类型	特征				备注
	粒度	反差	感光度	成像质量	
J1	超微粒	很高	慢	最佳	不用增感屏,或与铅增感屏配合使用
	微粒	高	较慢	佳	
J2	细粒	中	中	良	
J3	粗粒	低	快	较差	与铅增感屏配合使用

四、增感屏

增感屏的作用是增加感光速度,缩短曝光时间;吸收散射线,提高成像质量。增感系数一般为 $K=2\sim7$。增感系数是指不使用增感屏时所需的曝光时间 t_0 与使用增感屏时所需的曝光时间 t 的比值,即 $K=t_0/t$。增感屏的材料包括铅、钢和铜等。增感屏分前屏和后屏,前屏薄,后屏厚。增感屏的选用见表 2-2。

表 2-2 增感屏的选用

射线种类	增感屏材料	前屏厚度/mm	后屏厚度/mm
<120kV 的 X 射线	铅	—	≥0.10
120~250kV 的 X 射线	铅	0.025~0.125	≥0.10
250~400kV 的 X 射线	铅	0.05~0.16	≥0.10
1~3MeV 的 X 射线	铅	1.00~1.60	1.00~1.60
3~8MeV 的 X 射线	铜、铅	1.00~1.60	1.00~1.60
8~35MeV 的 X 射线	钽、钨、铅	1.00~1.60	—
铱-192	铅	0.05~0.16	≥0.16
钴-60	铅、钢、铜	0.50~2.00	0.25~1.00

五、像质计

像质计的作用是用来定量评价射线检测的灵敏度的，其材质应与被检工件材质相同。像质计的种类有线型、孔型和槽型三种。NB/T 47013.2—2015 中规定了线形像质计的基本形式及相关参数。线型像质计的安放原则是：像质计安放在被检区 1/4 处，且细丝在外。线型像质计的组别和规格见表 2-3，基本样例见图 2-5。

表 2-3 线型像质计的组别和规格

组别	1/7	6/12	10/16	13/19
线直径/mm	3.200	1.000	0.400	0.200
	2.500	0.800	0.320	0.160
	2.000	0.630	0.250	0.125
	1.600	0.500	0.200	0.100
	1.250	0.400	0.160	0.080
	1.000	0.320	0.125	0.063
	0.800	0.250	0.100	0.050

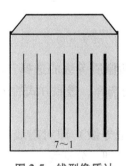

7~1

图 2-5 线型像质计

六、标记系

标记系可使每张底片与工件被检部位始终对照，易于找出返修位置。标记系包括：

①定位标记，可以是中心标记、搭接标记等；②识别标记，包括工件编号、焊缝编号、部位编号、返修编号等；③B 标记，贴附在暗盒背面，用以检查背面散射线防护效果。若在较黑背景上出现"B"的较淡影像，应予重照。

七、散射线防护装置

1. 铅罩

附加在射线机窗口的铅罩，既可限制射线照射区域大小和得到合适的照射量，又能减少来自其他物体（试件、暗盒、墙壁、地面等）的散射作用，从而在一定程度上减少散射线。

2. 铅遮板

铅遮板放置在工件表面和周围，能有效屏蔽前方散射线。

3. 底部铅板

底部铅板又称后防护铅板，用于屏蔽后方散射线。

4. 滤板

滤板的作用主要是吸收 X 射线中那些波长较长的谱线，这些谱线对底片上影像形成作用不大，却往往引起散射线。

知识点 3 ▶▶ 射线检测工艺

一、X 射线机的选择

根据工作条件，X 射线机可以选取移动式 X 射线或携带式 X 射线。X 射线管的管电压越高，发射的 X 射线波长越短，能量越大，穿透物质的能力就越强，所以选择管电压高的 X 射线机可以得到高的穿透能力。X 射线穿透不同物质时，物质对射线的衰减能力不同。被透物质原子序数越大，密度越大，则对射线衰减的能力越大。所以，透照轻金属或厚度较薄的焊件时，宜选用管电压低的 X 射线机；透照重金属或厚度较大的焊件时，宜选用管电压高的 X 射线机。

二、射线检测工艺参数的选择

射线检测工艺参数的选择包括像质等级的选择、灵敏度的选择、射线能量的选择、透照几何参数的选择、曝光规范的选择、透照方式的选择和一次透照长度的控制。

1. 像质等级的选择

根据像质等级（射线照相质量等级）即对射线检测本身的质量要求，按照 NB/T 47013.2—2015，将其划分为三个级别，分别为：

A 级——成像质量一般，适用于承受负载较小的产品及部件。

AB 级——成像质量较高，适用于压力容器、压力容器产品及部件，船舶上的重要焊缝等。

B 级——成像质量最高，适用于航天及核设备等极为重要的产品及部件。

2. 灵敏度的选择

灵敏度是评价射线照相质量的最重要指标，它标志着射线检测时发现最小缺陷的能力，一般以在工件中能发现的最小缺陷尺寸来表示。由于事先无法了解沿射线穿透方向上的最小缺陷尺寸，因此必须采用已知尺寸的人工"缺陷"——像质计来度量。不同的透照方式和位置对灵敏度的要求不同。NB/T 47013.2—2015 中规定，单壁透照、像质计置于源侧应符合表 2-4 的规定；双壁单影或双壁双影透照、像质计置于片侧应符合表 2-5 的规定。

表 2-4　像质计灵敏度值——单壁透照、像质计置于源侧

应识别线号	公称厚度范围/mm		
（丝径/mm）	A 级	AB 级	B 级
19（0.050）	—	—	≤1.5
18（0.063）	—	≤1.5	>1.5~2.5
17（0.080）	≤1.2	>1.2~2.0	>2.5~4.0
16（0.100）	>1.2~2.0	>2.0~3.5	>4~6
15（0.125）	>2.0~3.5	>3.5~4.0	>6~8
14（0.160）	>3.5~5.0	>5.0~7.0	>8~12
13（0.200）	>5.0~7.0	>7.0~10.0	>12~20
12（0.250）	>7~10	>10~15	>20~30
11（0.320）	>10~15	>15~25	>30~35
10（0.400）	>15~25	>25~32	>35~45
9（0.500）	>25~32	>32~40	>45~65
8（0.630）	>32~40	>40~55	>65~120
7（0.800）	>40~55	>55~85	>120~200
6（1.000）	>55~85	>85~150	>200~350
5（1.250）	>85~150	>150~250	>350
4（1.600）	>150~250	>250~350	—
3（2.000）	>250~350	>350	—
2（2.500）	>350	—	—

注：管或支管外径≤120mm，管座角焊缝的像质计灵敏度可降低一个等级。

表 2-5　像质计灵敏度值——双壁单影或双壁双影透照、像质计置于片侧

应识别线号	公称厚度范围/mm		
（丝径/mm）	A 级	AB 级	B 级
19（0.050）			≤1.5
18（0.063）	—	≤1.2	>1.5~2.5
17（0.080）	≤1.2	>1.2~2.0	>2.5~4.0

（续）

应识别线号 （丝径/mm）	公称厚度范围/mm		
	A 级	AB 级	B 级
16（0.100）	>1.2~2.0	>2.0~3.5	>4~6
15（0.125）	>2.0~3.5	>3.5~5.0	>6~12
14（0.160）	>3.5~5.0	>5.0~10	>12~18
13（0.200）	>5.0~10	>10~15	>18~30
12（0.250）	>10~15	>15~22	>30~45
11（0.320）	>15~22	>22~38	>45~55
10（0.400）	>22~38	>38~48	>55~70
9（0.500）	>38~48	>48~60	>70~100
8（0.630）	>48~60	>60~85	>100~180
7（0.800）	>60~85	>85~125	>180~300
6（1.000）	>85~125	>125~225	>300
5（1.250）	>125~225	>225~375	—
4（1.600）	>225~375	>375	—
3（2.000）	>375	—	—

3. 射线能量的选择

射线能量的选择实际上是对 X 射线源的管电压（kV）或 γ 射线源的种类的选择。射线能量越大，其穿透能力越强，即可透照的工件厚度越大；但同时也会造成由于衰减系数的降低而导致成像质量下降。在保证穿透的前提下，应根据材质和成像质量要求，尽量选择较低的射线能量。

4. 透照几何参数的选择

1）焦点。焦点是指射线检测机上集中发射射线的地方，其大小对检测取得的底片的清晰度影响很大，因而影响检测灵敏度，检测时应在可能的条件下选择焦点小的射线源。

2）透照距离。透照距离是指焦点至胶片的距离 F，又称焦距。焦距也会影响清晰度。目前在国内外射线检测标准中，均依几何不清晰度原理推荐使用诺模图来确定透照距离。

5. 曝光规范的选择

1）γ 射线检测的曝光规范包括射线源种类、剂量、曝光时间和焦距。射线剂量反映了射线强度，它和曝光时间的乘积称为曝光量。

2）X 射线检测的曝光规范包括管电压、管电流、曝光时间和焦距。管电流和曝光时间的乘积称为曝光量。

射线检测中常利用曝光曲线进行曝光规范的选择。

6. 透照方式的选择

进行射线检测时，应根据焊接接头形式和焊件的几何形状合理选择透照方式。对接接头焊缝应根据坡口形式确定照射方向；角接接头焊缝应根据焊缝位置确定照射方向；管件对接焊缝应根据射线源、焊件和胶片之间的相互位置确定照射方向。管件对接焊缝的透照方式分为外透法、内透法、双壁单影法和双壁双影法四种。

7. 一次透照长度的控制

一次透照长度是指焊缝射线照相一次透照的有效检验长度，对照相质量和工作效率同时产生影响。选择较大的一次透照长度可以提高效率，但会引起照相质量的下降。

透照厚度比表达式为

$$K=\delta'/\delta \tag{2-1}$$

式中　　K——透照厚度比；

　　　　δ'——边缘射线束穿透工件厚度；

　　　　δ——中心射线束穿透工件厚度。

NB/T 47013.2—2015 中规定，环向焊接接头的 A 级、AB 级 K 值不大于 1.10，B 级 K 值不大于 1.06；纵向焊接接头的 A 级、AB 级 K 值不大于 1.03，B 级 K 值不大于 1.01。对透照厚度比值的限制，实际上是对每一次透照长度的限制。检测时可以根据射线源的特点及 K 值确定出一次透照长度的大小。

三、焊缝透照工艺卡

焊缝透照工艺卡应包括以下的内容：

1）试件原始数。
2）规范标准数据。
3）透照技术数据。
4）特殊的技术措施及说明。
5）有关人员签字。

四、焊缝透照的基本操作

焊缝透照的基本操作应包括以下基本步骤：

1）试件检查及清理。
2）划线。
3）像质计和标记摆放。
4）贴片。
5）对焦。
6）散射线防护。
7）曝光。

五、胶片的暗室处理

暗室处理是将曝光后具有潜像的胶片变为能长期保存的可见像底片的处理过程，包括显影、停显、定影、水洗、干燥。胶片处理的标准条件和操作要点见表 2-6。

表 2-6　胶片处理的标准条件和操作要点

步骤	温度	时间	药液	操作要点
显影	(20±2)℃	4~6min	显影液	预先水洗,过程中适当搅动
停显	16~24℃	约30s	停显液	充分搅动
定影	16~24℃	5~15min	定影液	适当搅动
水洗	—	30~60min	水	流动水漂洗
干燥	≤40℃	—	—	去除表面水滴后干燥

1. 显影

显影的作用是把胶片中的潜像变成可见像。产生显影作用的药液称为显影液,一般呈碱性。典型显影液的配方及各成分的作用见表2-7。

表 2-7　典型显影液的配方及各成分的作用

成分	含量	作用
水（40~50℃）	800mL	
米吐尔	4g	显影剂:起显影作用
对苯二酚	10g	显影剂:起显影作用
无水亚硫酸钠	65g	保护剂:保护显影剂不受氧化
无水碳酸钠	45g	加速剂:加快显影速度
溴化钾	5g	抑制剂:抑制灰雾
加水至总量	1 000mL	

2. 停显

停显就是使显影作用立即停止。如果不使用停显液,显影过程会继续进行,从而造成显影过度;碱性的显影液若被带入酸性的定影液中,会引起定影液浓度降低而影响定影效果,因此定影之前应先将胶片放入酸性的停显液。停显液一般采用3%~6%（质量分数）的醋酸溶液。

3. 定影

定影就是要除去未感光和未被显影的银盐而使底片的影像固定下来。通过定影液的作用,还可使底片胶膜硬化而不易损坏。产生定影作用的药液叫定影液。典型定影液的配方及各成分的作用见表2-8。

表 2-8　典型定影液的配方及各成分的作用

成分	含量	作用
水（50℃）	600mL	
海波（硫代硫酸钠）	240g	定影剂:溶解未经显影的溴化银
无水亚硫酸钠	15g	保护剂:结合海波分解产生的硫原子,起防硫作用
醋酸（36%）	39mL	防污剂:中和显影液中的碱性成分;消除显影、定影过程中产生的污物
硼酸	7.5g	
明矾（硫酸铝钾）	15g	坚膜剂:使乳剂层坚挺而不易脱落
加水至总量	1 000mL	

4. 水洗

胶片经显影、停显、定影等化学反应后，必须进行充分的水洗处理，以除去胶膜上的残留物质。水洗时间为 30 ~ 60min。水洗时间过长，易使乳剂膜脱落；水洗不充分，底片在保存过程中易发黄变质。

5. 干燥

干燥的方法有自然干燥和烘箱干燥两种。自然干燥是将胶片悬挂起来，使其在清洁通风的空间晾干；烘箱干燥是把胶片悬挂在烘箱内，用热风烘干，热风温度一般不超过 40℃。

知识点 4 ▶▶ 射线检测质量评定

射线检测质量评定包括底片质量的评定、底片上缺陷影像的识别、缺陷的定量测定和焊缝质量的评定。

一、底片质量的评定

底片质量的评定具体包括的内容有：黑度、灵敏度、标记系和表面质量。

1. 黑度

黑度直接关系到射线底片的照相灵敏度。黑度是指胶片经暗室处理后的黑化程度，与含银量有关。底片黑度可用黑度计直接在底片的规定部位测量得到。

2. 灵敏度

射线照相灵敏度是用底片上像质计影像反映的像质指数来表示的。底片上必须有像质计显示，且位置正确，被检测部位必须达到灵敏度要求。

3. 标记系

底片上的定位标记和识别标记应齐全，且不掩盖被检焊缝影像。注意：若在较黑背景上出现"B"的较淡影像，应予重照。

4. 表面质量

底片上被检焊道影像应规整齐全，不缺边角。底片表面不应存在明显的机械损伤和污染。

二、底片上缺陷影像的识别与质量评定

X 射线照相常出现的缺陷包括以下五类。

1. 裂纹

底片上裂纹的典型影像是轮廓分明的黑线。通常情况下黑线有微小的锯齿和分叉，粗细和黑度有变化；线的端部尖细，端头前方有丝状阴影延伸。裂纹可能发生在焊缝和热影响区。裂纹根据其形态可分为横向裂纹和纵向裂纹，如图 2-6 和图 2-7 所示。

2. 未熔合

焊缝根部未熔合的典型影像是一条细直黑线，线的一侧轮廓整齐且黑度较大，为坡口钝边痕迹，另一侧轮廓可能较规则也可能不规则，如图 2-8 所示。根部未熔合一般在焊缝中间，因坡口形状或投影角度等原因也可能偏向一边。

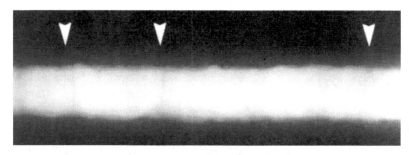

图 2-6　横向裂纹

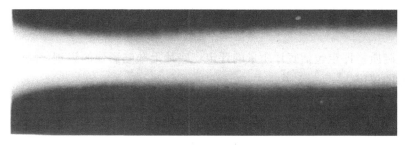

图 2-7　纵向裂纹

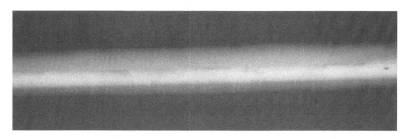

图 2-8　未熔合

3. 未焊透

未焊透的典型影像是细直黑线，两侧轮廓都很整齐，为坡口钝边痕迹，宽度恰好为钝边间隙宽度，呈断续或连续分布，有时能贯穿整张底片，如图 2-9 所示。未焊透在底片上一般在焊缝中部，因透照偏、焊偏等原因也可能偏向一侧。

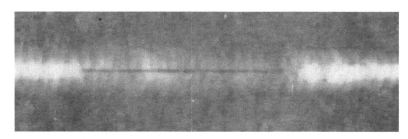

图 2-9　未焊透

4. 夹渣

非金属夹渣在底片上的影像是黑点、黑条或黑块，形状不规则，黑度变化无规律，轮廓不圆滑，有的带棱角，如图 2-10 所示。夹渣可能发生在焊缝的任何部位，条状夹渣的延伸方向多与焊缝平行。钨夹渣在底片上的影像是一个白点。钨夹渣只产生在非熔化极钨极氩弧焊焊缝中。

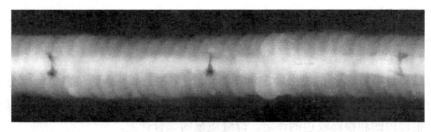

图 2-10　夹渣

5. 气孔

气孔在底片上的影像是黑色圆点，也有的是黑线（线状气孔）或其他不规则形状，如图 2-11 所示。气孔的轮廓比较圆滑，其黑度中心较大，至边缘稍减小。气孔可发生在焊缝的任何部位。

图 2-11　气孔

三、缺陷的定量测定

缺陷埋藏深度的确定可以采取双重曝光法。

缺陷在射线方向的尺寸为投影尺寸，而不是实际的尺寸。这与缺陷的类型及射线的入射方向有关。只有射线能垂直入射工件中的缺陷时，其尺寸才最接近缺陷的实际尺寸。

四、焊缝质量的评定

（一）焊缝质量分级

GB/T 3323.1—2019 中，根据缺陷的形状、大小，将焊缝中的缺陷分成圆形缺陷（长宽比≤3 的缺陷）、条形缺陷（长宽比>3 的缺陷）、未焊透、未熔合和裂纹等五种。

根据缺陷性质、数量和大小，将焊缝质量分为 I、II、III、IV 共四级，质量依次降低。

I 级焊缝内不允许存在任何裂纹、未熔合、未焊透以及条形缺陷，允许有一定数量和一定尺寸的圆形缺陷存在。

II 级焊缝内不允许存在任何裂纹、未熔合及未焊透，允许有一定数量和一定尺寸的条形缺陷和圆形缺陷存在。

Ⅲ级焊缝内不允许存在任何裂纹、未熔合以及双面焊和加垫板的单面焊中的未焊透，允许有一定数量和一定尺寸的条形缺陷和圆形缺陷及未焊透（指非氩弧焊封底的不加垫板的单面焊）存在。

Ⅳ级焊缝是指焊缝缺陷超过Ⅲ级者。

（二）焊缝质量的评定方法

对焊缝质量进行评定是根据缺陷种类、单个缺陷尺寸、总量和密集程度分别评定，然后再进行综合评定。评定的内容包括圆形缺陷的评定、条形缺陷的评定、未焊透缺陷的评定、根部内凹和根部咬边的评定、焊缝质量的综合评定。

1. 圆形缺陷的评定

圆形缺陷是指长宽比小于或等于 3 的缺陷，它们可以是圆形、椭圆形、锥形或带有尾巴的不规则形状，包括气孔、夹渣和夹钨。评定方法：首先根据板厚和缺陷情况确定评定区（表 2-9），然后根据缺陷大小换算成缺陷点数（表 2-10），最后根据点数确定焊缝质量等级（表 2-11）。

表 2-9 圆形缺陷评定区 （单位：mm）

母材厚度	≤25	>25~100	>100
评定区尺寸	10×10	10×20	10×30

表 2-10 缺陷点数换算表

缺陷长径/mm	≤1	>1~2	>2~3	>3~4	>4~6	>6~8	>8
点数	1	2	3	6	10	15	25

表 2-11 圆形缺陷的分级

评定区/(mm×mm)		10×10			10×20		10×30
评定厚度 T/mm		≤10	>10~15	>15~25	>25~50	>50~100	>100
质量等级	Ⅰ	1	2	3	4	5	6
	Ⅱ	3	6	9	12	15	18
	Ⅲ	6	12	18	24	30	36
	Ⅳ	缺陷点数大于Ⅲ级者					

注：表中的数字是允许缺陷点数的上限。

2. 条形缺陷的评定

长宽比大于 3 的气孔、夹渣和夹钨定义为条形缺陷。条形缺陷的等级是根据单个条形缺陷长度、条形缺陷总长及相邻两条形缺陷间的距离三个方面来进行综合评定，见表 2-12。

表 2-12 条形缺陷的分级 （单位：mm）

质量等级	评定厚度 T	单个条形缺陷长度	条形缺陷总长度
Ⅱ	$T≤12$ $12<T<60$ $T≥60$	4 $(1/3)T$ 20	在任意直线上，相临两缺陷间距均不超过 $6L$ 的任何一组缺陷，其累计长度在 $12T$ 焊缝长度内不超过 T

（续）

质量等级	评定厚度 T	单个条形缺陷长度	条形缺陷总长度
Ⅲ	$T\leqslant 9$ $9<T<45$ $T\geqslant 45$	6 $(2/3)T$ 30	在任意直线上，相临两缺陷间距均不超过 $3L$ 的任何一组缺陷，其累计长度在 $6T$ 焊缝长度内不超过 T
Ⅳ			大于Ⅲ级者

注：L 为该组缺陷中最长者的长度。

3. 未焊透缺陷的评定

不加垫板的单面焊中存在未焊透时，应按条形缺陷Ⅲ级标准评定。角焊缝的未焊透是指角焊缝的实际熔深未达到理论熔深值，应按条形缺陷Ⅲ级标准评定。设计焊缝系数小于等于 0.75 的钢管根部未焊透评级见表 2-13。

表 2-13　未焊透的评定

质量等级	未焊透的深度		长度/mm
	占壁厚的百分数	深度/mm	
Ⅱ	$\leqslant 15\%$	$\leqslant 1.5$	不限
Ⅲ	$\leqslant 20\%$	$\leqslant 2.0$	
Ⅳ	大于Ⅲ级者		

4. 根部内凹和根部咬边的评定

根部内凹和根部咬边的评定见表 2-14。

表 2-14　根部内凹和根部咬边的评定

质量等级	根部内凹的深度		长度/mm
	占壁厚的百分数	深度/mm	
Ⅰ	$\leqslant 10\%$	$\leqslant 1$	不限
Ⅱ	$\leqslant 20\%$	$\leqslant 2$	
Ⅲ	$\leqslant 25\%$	$\leqslant 3$	
Ⅳ	大于Ⅲ级者		

5. 焊缝质量的综合评定

当焊缝中同时有几种缺陷存在时，应根据缺陷种类各自评级，然后进行综合评级。如有两种缺陷，可将其级别之和减 1 作为综合评级之后的焊缝质量级别；如有三种缺陷，可将其级别之和减 2 作为综合评级之后的焊缝质量级别。

知识点 5　▶▶ 射线防护

一、时间防护

时间防护的原理是：在辐射场内的人员所受照射的累积剂量与时间成正比，因此，在照射率不变的情况下，缩短照射时间便可减少所接受的剂量，或者人们在限定的时间内工作，就可能使他们所受到的射线剂量在最高允许剂量以下，确保人身安全（仅在非常情况下采用此法），从而达到防护目的。时间防护的要点是尽量减少人体与射线的接触时间（缩短人体受照射的时间）。

二、距离防护

距离防护是外部辐射防护的一种有效方法，采用距离防护的原理是：首先将辐射源作为点源的情况下，辐射场中某点的照射量、吸收剂量均与该点离源的距离的平方成反比。这种规律被称为平方反比定律，即辐射强度随距离的平方成反比变化（在源辐射强度一定的情况下，剂量率或照射量与离源的距离平方成反比）。增加射线源与人体之间的距离，便可减少剂量率或照射量，或者说在一定距离以外工作，使人们所受到的射线剂量在最高允许剂量以下，就能保证人身安全，从而达到防护目的。距离防护的要点是尽量增大人体与射线源的距离。

三、屏蔽防护

屏蔽防护的原理是：射线穿透物质时强度会减弱，一定厚度的屏蔽物质能减弱射线的强度，在辐射源与人体之间设置足够厚的屏蔽物（屏蔽材料），便可降低辐射水平，使人们在工作所受到的射线剂量降低至最高允许剂量以下，确保人身安全，从而达到防护目的。屏蔽防护的要点是在射线源与人体之间放置一种能有效吸收射线的屏蔽材料。

射线检测原理

暗室处理的
基本知识

小径管的
射线透照方式

焊缝 X 射线检测
评片现场教学

训机操作

● 自学自测 ●

1. 简述射线检测的原理。
2. 射线检测能检测哪种焊接缺陷？
3. 射线检测质量如何分级？
4. 射线检测焊缝的质量如何进行评定？
5. 射线检测时要注意哪些安全防护问题？

● 任务实训 ●

空气储罐筒体焊缝的射线检测工作单

─ 计划单 ─

学习领域	焊接质量检验		
学习情境 2	压力容器焊缝内部缺陷检测	任务 1	空气储罐筒体焊缝的射线检测
工作方式	由小组讨论，制订完成本小组实施计划	学时	1
完成人	1.　　　2.　　　3.　　　4.　　　5.　　　6.		
计划依据	1. 被检工件的图样；2. 教师分配的工作任务		
序号	计划步骤		具体工作内容描述
	准备工作 （准备工具、材料，谁去做?)		
	组织分工 （成立组织，人员具体都完成什么?)		
	现场记录 （都记录什么内容?)		
	检测点标记 （如何标记?)		
	核对工作 （谁去核对，都核对什么?)		
	整理资料 （谁负责? 整理什么?)		
制订计划说明	写出在制订计划过程中小组成员就如何完成任务提出的主要建议以及需要说明的事项		
计划评价	评语:		
班级		第　　　组	组长签字	
教师签字			日期	

决策单

学习领域	焊接质量检验				
学习情境2	压力容器焊缝内部缺陷检测		任务1	空气储罐筒体焊缝的射线检测	
决策目的	确定本次检测人员分工及具体工作内容		学时	0.5	
方案讨论			**组号**		

方案决策	组别	步骤 顺序性	步骤 合理性	实施 可操作性	选用工具 合理性	方案综合评价
	1					
	2					
	3					
	4					
	5					
	1					
	2					
	3					
	4					
	5					
	1					
	2					
	3					
	4					
	5					

方案评价	评语:

班级		组长签字		教师签字		月　　日

工具单

场地准备	教学仪器 （工具）准备	资料准备
质检一体化教室	像质计 黑度计 评片灯 增感屏	射线检测设备的使用说明书 空气储罐的产品图样 压力容器与压力容器生产规程 焊接检验工艺卡

作业单

学习领域	焊接质量检验		
学习情境 2	压力容器焊缝内部缺陷检测	任务 1	空气储罐筒体焊缝的射线检测
参加焊缝内部 缺陷检测人员	第　　　组		学时
			1
作业方式	小组分析，个人解答，现场批阅，集体评判		

序号	工作内容记录 （表面缺陷检测的实际工作）	分工 （负责人）
小结	主要描述完成的成果及是否达到目标	存在的问题

班级		组别		组长签字	
学号		姓名		教师签字	
教师评分		日期			

检查单

学习领域	焊接质量检验			
学习情境2	压力容器焊缝内部缺陷检测		学时	20
任务1	空气储罐筒体焊缝的射线检测		学时	10
序号	检查项目	检查标准	学生自查	教师检查
1	任务书阅读与分析能力，正确理解及描述目标要求	准确理解任务要求		
2	与同组同学协商，确定人员分工	较强的团队协作能力		
3	查阅资料能力，市场调研能力	较强的资料检索能力和市场调研能力		
4	资料的阅读、分析和归纳能力	较强的分析报告撰写能力		
5	焊接质量检验的射线检测	质检工艺确定及操作的能力		
6	安全生产与环保	符合"5S"要求		
7	事故的分析诊断能力	事故处理得当		
检查评价	评语：			
班级		组别	组长签字	
教师签字			日期	

● 任务评价 ●

— 评价单 —

学习领域	焊接质量检验				
学习情境 2	压力容器焊缝内部缺陷检测	任务 1	空气储罐筒体焊缝的射线检测		
评价学时		课内 0.5 学时			
班级：		第　　组			

考核情境	考核内容及要求	分值	学生自评（10%）	小组评分（20%）	教师评分（70%）	实得分
计划编制（20分）	资源利用率	4				
	工作程序的完整性	6				
	步骤内容描述	8				
	计划的规范性	2				
工作过程（40分）	工作完整性	10				
	工作质量	5				
	报告完整性	25				
团队情感（25分）	核心价值观	5				
	创新性	5				
	参与率	5				
	合作性	5				
	劳动态度	5				
安全文明（10分）	工作过程中的安全保障情况	5				
	工具正确使用和保养、放置规范	5				
工作效率（5分）	能够在要求的时间内完成，每超时 5min 扣 1 分	5				
总分（Σ）		100				

─ 小组成员评价单 ─

学习领域	焊接质量检验		
学习情境2	压力容器焊缝内部缺陷检测	任务1	空气储罐筒体焊缝的射线检测
班级		第　组　成员姓名	
评分说明	每个小组成员评价分为自评和小组其他成员评价两部分，取其计算平均值，作为该小组成员的任务评价个人分数。评价项目共设计5个，依据评分标准进行量化打分。小组成员自评分后，再由小组其他成员以不记名方式打分		
对象	评分项目	评分标准	评分
自评 （100分）	核心价值观（20分）	是否有违背社会主义核心价值观的思想及行动	
	工作态度（20分）	是否按时完成负责的工作内容、遵守纪律，是否积极主动参与小组工作，是否全过程参与，是否吃苦耐劳，是否具有工匠精神	
	交流沟通（20分）	是否能良好地表达自己的观点，是否能倾听他人的观点	
	团队合作（20分）	是否与小组成员合作完成任务，做到相互协作、互相帮助、听从指挥	
	创新意识（20分）	看问题是否能独立思考、提出独到见解，是否能够用创新思维解决遇到的问题	
成员1 （100分）	核心价值观（20分）	是否有违背社会主义核心价值观的思想及行动	
	工作态度（20分）	是否按时完成负责的工作内容、遵守纪律，是否积极主动参与小组工作，是否全过程参与，是否吃苦耐劳，是否具有工匠精神	
	交流沟通（20分）	是否能良好的表达自己的观点，是否能倾听他人的观点	
	团队合作（20分）	是否与小组成员合作完成任务，做到相互协作、互相帮助、听从指挥	
	创新意识（20分）	看问题是否能独立思考、提出独到见解，是否能够用创新思维解决遇到的问题	
成员2 （100分）	核心价值观（20分）	是否有违背社会主义核心价值观的思想及行动	
	工作态度（20分）	是否按时完成负责的工作内容、遵守纪律，是否积极主动参与小组工作，是否全过程参与，是否吃苦耐劳，是否具有工匠精神	
	交流沟通（20分）	是否能良好地表达自己的观点，是否能倾听他人的观点	

（续）

对象	评分项目	评分标准	评分
成员 2 （100 分）	团队合作（20 分）	是否与小组成员合作完成任务，做到相互协作、互相帮助、听从指挥	
	创新意识（20 分）	看问题是否能独立思考、提出独到见解，是否能够用创新思维解决遇到的问题	
成员 3 （100 分）	核心价值观（20 分）	是否有违背社会主义核心价值观的思想及行动	
	工作态度（20 分）	是否按时完成负责的工作内容、遵守纪律，是否积极主动参与小组工作，是否全过程参与，是否吃苦耐劳，是否具有工匠精神	
	交流沟通（20 分）	是否能良好地表达自己的观点，是否能倾听他人的观点	
	团队合作（20 分）	是否与小组成员合作完成任务，做到相互协作、互相帮助、听从指挥	
	创新意识（20 分）	看问题是否能独立思考、提出独到见解，是否能够用创新思维解决遇到的问题	
成员 4 （100 分）	核心价值观（20 分）	是否有违背社会主义核心价值观的思想及行动	
	工作态度（20 分）	是否按时完成负责的工作内容、遵守纪律，是否积极主动参与小组工作，是否全过程参与，是否吃苦耐劳，是否具有工匠精神	
	交流沟通（20 分）	是否能良好地表达自己的观点，是否能倾听他人的观点	
	团队合作（20 分）	是否与小组成员合作完成任务，做到相互协作、互相帮助、听从指挥	
	创新意识（20 分）	看问题是否能独立思考、提出独到见解，是否能够用创新思维解决遇到的问题	
成员 5 （100 分）	核心价值观（20 分）	是否有违背社会主义核心价值观的思想及行动	
	工作态度（20 分）	是否按时完成负责的工作内容、遵守纪律，是否积极主动参与小组工作，是否全过程参与，是否吃苦耐劳，是否具有工匠精神	
	交流沟通（20 分）	是否能良好地表达自己的观点，是否能倾听他人的观点	
	团队合作（20 分）	是否与小组成员合作完成任务，做到相互协作、互相帮助、听从指挥	
	创新意识（20 分）	看问题是否能独立思考、提出独到见解，是否能够用创新思维解决遇到的问题	
最终小组成员得分			

● 课后反思 ●

学习领域	焊接质量检验		
学习情境2	压力容器焊缝内部缺陷检测	任务1	空气储罐筒体焊缝的射线检测
班级		第　　组　　成员姓名	

情感反思	通过对本任务的学习和实训，你认为自己在社会主义核心价值观、职业素养、学习和工作态度等方面有哪些需要提高的部分？
知识反思	通过对本任务的学习，你掌握了哪些知识点？请画出思维导图。
技能反思	在完成本任务的学习和实训过程中，你主要掌握了哪些技能？
方法反思	在完成本任务的学习和实训过程中，你主要掌握了哪些分析和解决问题的方法？

任务 空气储罐筒体焊缝的超声检测

任务单

学习领域	焊接质量检验				
学习情境 2	压力容器焊缝内部缺陷检测	任务 2	空气储罐筒体焊缝的超声检测		
任务学时	10 学时				
布置任务					
工作目标	结合空气储罐所用的焊接方法及特点，完成对空气储罐筒体焊缝可能存在的内部缺陷分析。通过超声检测对工件进行内部缺陷检测，对缺陷的性质进行评定，包括缺陷的类别、缺陷的大小。确定缺陷的埋藏深度，对焊接质量进行评级。 　　能够熟练掌握超声检测的操作工艺，能够设计操作工艺卡，并按照正确的工艺过程实施操作，将操作过程及检测结果填写在质量检验报告上。在此过程中所用的仪器及器材包括超声检测仪、标准试块、对比试块、耦合剂等。				
任务描述	根据空气储罐生产过程中所用的焊接方法估计筒体焊缝中可能存在的焊接缺陷种类及位置，选取合适的超声检测方法。当超声检测方法确定后，即可选取合理的检测参数，这些参数包括超声探头的种类、探头的频率、探头的 K 值。在检测前还需要利用标准试块及对比试块对超声检测仪进行调整。在检测的过程中，可以选用的扫查方式包括前后扫查、转角扫查、锯齿形扫查等。当检测完成后，即可确定焊接缺陷的种类、数量、尺寸等信息，进而完成焊缝质量评定。				
学时安排	资讯 4 学时	计划 1 学时	决策 1 学时	实施 3 学时	检查 0.5 学时	评价 0.5 学时
提供资料	1.《国际焊接工程师培训教程》，哈尔滨焊培中心，2013。 2.《国际焊接技师培训教程》，哈尔滨焊培中心，2013。 3.《焊接检验》第 3 版，姚佳、李荣雪主编，机械工业出版社，2020。 4.《无损检测手册》第 2 版，李家伟主编，机械工业出版社，2012。 5. 利用网络资源进行咨询。				
对学生的要求	1. 焊接专业基础知识（焊接方法、工艺、生产），经历了专业实习，对焊接企业的产品及行业领域有一定的了解。 　　2. 具有独立思考、善于发现问题的良好习惯。能对任务书进行分析，能正确理解和描述目标要求。 　　3. 具有查询资料和市场调研能力，具备严谨求实和开拓创新的学习态度。				

资讯单

学习领域	焊接质量检验		
学习情境2	压力容器焊缝内部缺陷检测	任务2	空气储罐筒体焊缝的超声检测
资讯学时		4	
资讯方式	在图书馆杂志、教材、互联网及信息单上查询问题；咨询任课教师		
资讯内容	知识点 超声检测	问题1：压力容器的焊接内部缺陷需要按照哪些标准规定进行检测？	
		问题2：压力容器的焊接内部缺陷需进行哪些检测？	
		问题3：超声检测的准备工作有哪些？	
		问题4：如何检查压力容器的内部缺陷？	
		问题5：超声检测如何检测焊缝的内部缺陷尺寸？	
		问题6：如何进行距离-波幅曲线的绘制？	
		问题7：如何对超声检测的结果进行质量评定？	
		问题8：如何制定DOC曲线？	
		问题9：超声检测参数包括哪些？	
		问题10：超声检测系统的构成及使用注意事项有哪些？	
		问题11：超声检测可以检测的焊接内部缺陷属于哪些类型？	
	技能点	完成超声检测工艺编制，正确实施超声检测操作，能够对焊接检测结果做出正确评定。正确记录操作过程、检测结果，完成质量检测报告的正确填写。	
	思政点	1. 培养学生爱国情怀和民族自豪感，爱国敬业、诚信友善。 2. 培养学生树立质量意识、安全意识，认识到我们每一个人都是工程建设质量的守护者。 3. 培养学生具有社会责任感和社会参与意识。	
	学生需要单独资讯的问题		

知识链接

知识点 **1** ▶▶ **超声检测**

一、超声检测的原理及特点

空气储罐属于压力容器，压力容器和各种钢结构主要采用焊接方法制造。超声检测是对焊缝进行无损检测的主要方法之一。对于焊缝中的裂纹、未熔合等面状危害性缺陷，超声波比射线有更高的检出率。随着现代科技快速发展，技术不断进步。超声仪器数字化，探头品种类型增加，使得超声检测工艺可以更加完善，检测技术更为成熟。但众所周知，超声检测中人为因素对检测结果影响甚大。因其工艺性强，所以对超声检测人员的素质要求高。检测人员不仅要具备熟练的超声检测技术，还应了解有关的焊接基本知识，如焊接接头形式、坡口形式、焊接方法和可能产生的缺陷方向、性质等。针对不同的检测对象制订相应的检测工艺，选用合适的检测方法，从而获得正确的检测结果。

常规超声检测不存在对人体的危害，它能提供缺陷的深度信息和检出射线照相容易疏漏的垂直于射线入射方向的面积型缺陷。能即时检出结果，与射线检测互补。超声检测也存在以下局限性：

1）由于操作者操作误差导致检测结果的差异。

2）对操作者的个人因素（能力、经验、状态）要求较高。

3）定性困难。

4）无直接见证记录（有些自动化扫查装置可做永久性记录）。

5）对小的（但有可能超标的缺陷）不连续重复检测结果的可能性小。

6）对粗糙、形状不规则、小而薄及不均质的零件难以检查。

7）需使用耦合剂使波能量在换能器和被检工件之间有效传播。

超声波是机械波（光和 X 射线是电磁波）。超声波基本上具有与可闻声波相同的性质。它们能在固态、液态或气态的弹性介质中传播，但不能在真空中传播。在很多方面，一束超声波类似一束光。像光束一样，超声波可以从表面被反射；当其穿过两种声速不同物质的边界时可被折射（实施横波检测机理）；在边缘处或在障碍物周围可被衍射（裂纹测高；端点衍射法机理）。

超声波可检测的接头形式有对接接头、角接接头、T 形接头和搭接接头（搭接接头在压力容器中不允许采用），如图 2-12~图 2-15 所示。

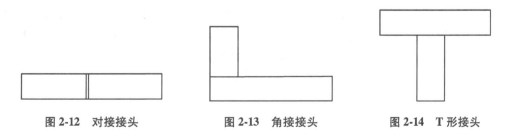

图 2-12　对接接头　　　　　图 2-13　角接接头　　　　　图 2-14　T 形接头

超声波可检测的焊接接头中，可选用的坡口形式可为 I 形、V 形、U 形、X 形、K 形。为保证母材焊接时能完全熔合，焊前将母材加工成一定的坡口形状，使其有利于焊接实施。以 V 形坡口为例，其形状和各部名称如图 2-16 所示。

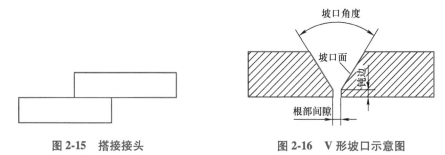

图 2-15　搭接接头　　　　　　　图 2-16　V 形坡口示意图

开坡口的目的是保证全熔透，减少填充量。钝边的目的是保证全熔透，防止咬边。间隙的目的是保证全熔透，控制内凹、未焊透。

二、超声检测分类

超声检测（UT）是利用超声波在物质中传播、界面反射、折射（产生波型转换）和衰减等物理性质来发现缺陷的一种无损检测方法，应用较为广泛。按其工作原理不同分为共振法超声检测、穿透法超声检测和脉冲反射法超声检测；按选用超声波波形不同分为纵波法超声检测、横波法超声检测和表面波法超声检测；按显示缺陷方式不同分为 A 型超声检测、B 型超声检测、C 型超声检测和 3D 型超声检测。

A 型显示是一种波形显示，屏幕的横坐标代表声波的传播时间（或距离），纵坐标代表反射波的声压幅度。可以认为该方式显示的是沿探头发射声束方向上一条线上的不同点的回波信息。

B 型显示结果是试件的一个二维截面图，屏幕纵坐标代表探头在探测面上沿一直线移动扫查的位置坐标，横坐标是声传播的时间（或距离）。该方式可以直观地显示出被探工件任一纵截面上缺陷的分布及缺陷的深度等信息。

C 型显示结果是试件的一个平面投影图，探头在试件表面做二维扫查，屏幕的二维坐标对应探头的扫查位置。探头在每一位置接收的信号幅度以光点辉度表示。该方式可形象地显示工件内部缺陷的平面投影图像，但不能显示缺陷的深度。

三、超声检测设备

超声检测设备和器材包括超声检测仪、探头、试块、耦合剂和机械扫查装置等。超声检测仪和探头对超声检测系统的性能起着关键性的作用，是产生超声波并对经材料中传播后的超声波信号进行接收、处理、显示的部分。由这些设备组成一个综合的超声检测系统，系统的总体性能不仅受到各个分设备的影响，还在很大程度上取决于它们之间的配合。随着工业生产自动化程度的提高，对检测的可靠性、速度提出了更高的要求，以往的手工检测越来越多地被自动检测系统取代。

1. 超声检测仪

超声检测仪是超声检测的主体设备，是专门用于超声检测的一种电子仪器。超声检测仪的作用是产生电振荡并施加于换能器——探头,激励探头发射超声波,同时将探头送回的电信号进行放大处理后以一定方式显示出来,从而得到被检测工件内部有无缺陷及缺陷的位置和大小等信息。图 2-17 为 CTS-22 型超声检测仪。

超声检测仪的基本性能包括:

(1) 垂直线性　即回波波高与放大系统的回波电压信号成正比关系的程度,因此,又称为放大线性或波幅线性。涉及对缺陷的定量。合格仪器一般要求垂直线性偏差≤8%。

(2) 水平线性　即检测仪示波屏时基线上的伤波前

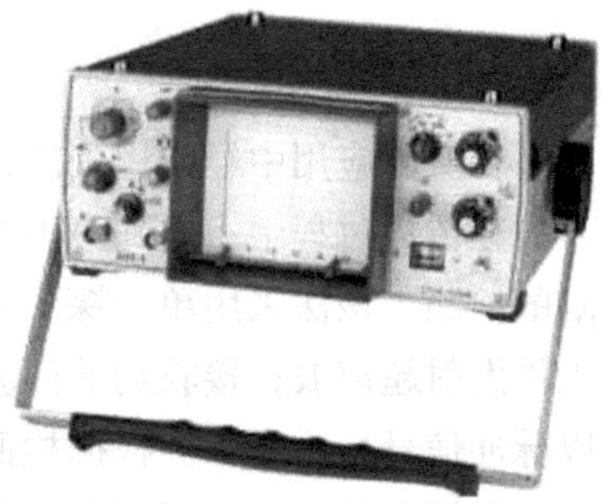

图 2-17　CTS-22 型超声检测仪

沿读数与实际声程成正比关系的程度。又称时基线性、扫描线性或距离线性。它涉及对缺陷的定位。合格仪器一般要求水平线性偏差≤2%。

(3) 动态范围　即回波波高从 100% 至完全消失,衰减器 db 值的改变量。一般大于 26db。

2. 试块

超声检测,离不开试块。试块分为标准试块和对比试块两类。它们都是超声波检测的辅助工具,用来模拟各种工艺缺陷,对超声检测系统的灵敏度进行调整。试块中精心设计了各种人工反射体,并进行了科学布置。标准试块是指材质、形状和尺寸均经主管机关或权威机构鉴定的试块,也称为校准试块,用于对超声检测装置或系统的性能测试及灵敏度调整。对比试块是指用于调整超声检测系统灵敏度或比较缺陷大小的试块,也叫参考试块,一般采用与被检材料特性相似的材料制成。图 2-18 所示为 CSK-1A 标准试块。CSK-1A 试块的作用如下:

1) 标定探头 K 值。

2) 测试分辨力。

3) 测试检测仪的水平线性。

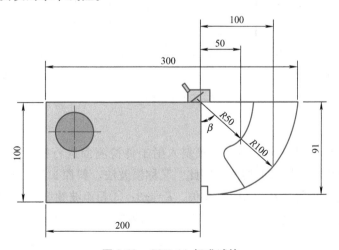

图 2-18　CSK-1A 标准试块

4）进行斜探头的垂直或水平 1：1 定位。

5）测试斜探头的入射点等。

四、超声检测方法

在实际应用中经常用到的是 A 型脉冲反射法。A 型脉冲反射法超声检测就是利用超声波在传播过程中，遇到声阻抗差较大的异质界面时将产生反射的原理来实现对内部缺陷的检测。该法采用单一探头——既作发射器件，又作接收元件，以脉冲方式间歇地向工件发射超声波；接收到的回波信号经功能电路放大、检波后，在检测仪的示波屏上，以脉冲信号显示出来。根据检测仪示波屏上始波 T、伤波 F、底波 B 的有无、大小及其在时基线上的位置，可判断工件内部缺陷的有无、大小和位置。常用的检测方法包括垂直入射法和斜角入射法。

1. 垂直入射法

垂直入射法采用直探头将声束垂直入射工件的检测方法。该法利用的声波类型为纵波，故有纵波法之称。缺陷显示方式：以伤波在时基线上的位置、脉冲大小反映缺陷的情况。应用特点：能够发现与探测面平行或接近平行的面积型缺陷和体积型缺陷。对体积型缺陷的检出率较高。检出的缺陷就在探头的正下方。从三维定位的角度，需给出三个坐标：x，y，z；其中，在探测面上的水平坐标 x，y 可直接用钢板尺量取；而缺陷的埋藏深度坐标 z（习惯上用深度 h 表示）可根据伤波 F 在时基线上的位置，按比例关系确定。直探头超声检测样例如图 2-19 所示。

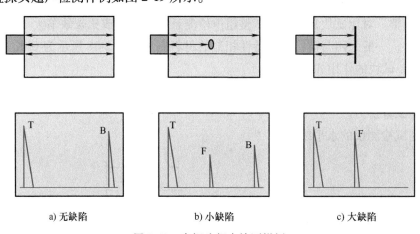

a) 无缺陷   b) 小缺陷   c) 大缺陷

图 2-19　直探头超声检测样例

2. 斜角入射法

斜角入射法是采用斜探头将声束倾斜入射工件检测面进行检测的方法，简称斜射法。在具体检测中，采用横波检测，因此，又称横波法。斜探头的主要参数包括：①横波折射角 β_s，简称折射角 β；②探头 K 值，$K = tg\beta$；③超声波频率 f。为了保证斜探头的检测灵敏度，应尽可能使用直射法或一次反射法检测。板厚较大时，选择 K 值较小的探头，按深度 1：1 定位法进行初始定位；板厚较薄时，选择 K 值较大的探头，按水平 1：1 定位法进行初始定位。斜探头超声检测样例如图 2-20 所示。

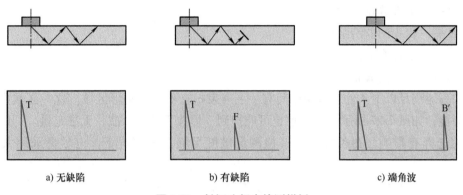

a) 无缺陷　　　　　　　　　b) 有缺陷　　　　　　　　　c) 端角波

图 2-20　斜探头超声检测样例

知识点 2 ▶▶ 平板对接焊缝超声检测

　　焊缝在进行超声检测中，超声波在均匀物质中传播，遇缺陷存在时，形成反射。此时缺陷即可看作为新的波源，它发出的波被探头接收，在荧光屏上被显示。缺陷长度的测定是以缺陷波端点在某一灵敏度（定量线）下，移动探头，该波降至50%时为缺陷指示长度，以此作为判定依据。而此时正是探头中心对准缺陷边缘时的位置。缺陷越小，缺陷回波越不会扰乱探头的声场；由扫查法（此时用移动探头测定缺陷长度）测定缺陷尺寸的另一种方法被称为当量法，此法测定的不是缺陷尺寸，而是声束宽度。根据惠更斯原理，波动是振动状态的传播，如果介质是连续的（均匀介质可连续传递波动），那么介质中任何质点的振动都将引起邻近质点的振动，邻近质点的振动又会引起较远质点的振动。因此，波动中任何质点都可以看作是新的波源。

一、检测条件选择

　　（1）确定检测技术等级　根据图样、合同要求选用规范、标准（NB/T 47013.3—2015），确定检测技术等级（A 级、B 级、C 级）。

　　（2）频率选择　一般焊缝的晶粒较细，可选较高频率；对于板厚较薄的焊缝，可采用高频率检测，以提高分辨力；对厚板焊缝和材质衰减明显的焊缝，应采用较低频率检测，以保证检测灵敏度。

　　（3）K 值选择（折射角的正切值）　根据图 2-21 所示的原理，K 值选择需要考虑如下要素：

　　1）使主声束能扫到整个焊缝截面。

　　2）使声束中心线尽量与主要危害性缺陷垂直。

　　3）保证有足够的检测灵敏度。

$$K \geqslant \frac{a+b+L_0}{T} \qquad (2-2)$$

式中　a——上焊缝宽度的一半；

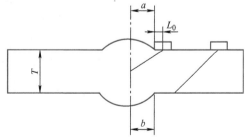

图 2-21　探头 K 值的选择

b——下焊缝宽度的一半；

L_0——探头的前沿距离；

T——工件厚度；

K——探头的 K 值。

如不能满足以上条件，说明中间有一主声束扫查不到的菱形区域，这一区域内缺陷可能漏检，如图2-22所示。副声束也可能扫到，但找不到最高波，无法定量。焊缝宽度对 K 值选择有影响，在条件允许（检测灵敏度足够）的情况下，应尽量采用大 K 值探头。

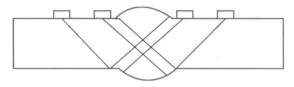

图 2-22　探头位置

根据工件厚度选择 K 值：薄工件采用大 K 值探头，避免近场检测，提高定位、定量精度。厚工件采用小 K 值探头，以缩短声程，减小衰减，提高检测灵敏度，同时还可减少打磨宽度。表2-15为 NB/T 47013.3—2015 中检测焊接接头时推荐的 K 值。

表 2-15　推荐的 K 值及标称频率

工件厚度 mm	K 值	标称频率/MHz
≥6~25	2.0~3.0	4~5
>25~40	1.5~2.5	2~5
>40	1.0~2.0	2~2.5

K 值会因工件声速变化（斯涅尔定律）和检测中探头的磨损而产生变化，所以要经常对 K 值进行校验。变化规律为：声速快，K 值变大；探头后面磨损大，K 值变大。

二、试块选择

NB/T 47013.3—2015 中规定检测焊接接头的标准试块为 CSK-ⅠA；对比试块的型号为 CSK-ⅡA、CSK-ⅢA 和 CSK-ⅣA。CSK-ⅠA 试块用于超声波仪器、探头系统性能校准和检测校准。CSK-ⅡA、CSK-ⅢA 和 CSK-ⅣA 试块用于超声波检测校准。CSK-ⅡA、CSK-ⅣA 试块的人工反射体为长横孔。长横孔反射波在理论上与焊缝的光滑的直线熔渣相似。同时，利用横孔对不同的声束折射角也能得到相等的反射面，但需要不同深度的对比孔，以适应不同板厚的焊缝检测。长横孔远场变化规律类似于未焊透。在长横孔试块上绘制曲线，测定灵敏度，适用于未焊透类缺陷的检测。

（1）长横孔回波分贝差变化规律（不适合近场）：

$$\Delta\mathrm{dB} = 10\lg\frac{D_{f1}x_2^3}{D_{f2}x_1^3} \tag{2-3}$$

式中　D_{f1}、D_{f2}——长横孔1、2的当量直径；

x_1、x_2——长横孔 1、2 至波源的距离。

CSK-ⅢA 试块的人工反射体为短横孔。短横孔因距离变化，其远场变化规律似球孔。

（2）短横孔回波分贝差变化规律（不适合近场）：

$$\Delta dB = 10\lg \frac{L_{f1}D_{f1}x_2^4}{L_{f2}D_{f2}x_1^4}\tag{2-4}$$

式中　D_{f1}、D_{f2}——短横孔 1、2 的当量直径；

　　　L_{f1}、L_{f2}——短横孔 1、2 的长度；

　　　x_1、x_2——短横孔 1、2 至波源的距离。

两种反射体试块因反射体类型不同，两者灵敏度不相同，反射规律不同，曲线规律亦不同，所控制检测对象不同，故二者不得混用。

三、耦合剂使用

在超声波直接接触法检测中，探头和被检物之间如不加入合适的耦合剂，检测是无法完成的。耦合剂可以是液体、半液体或为膏状，并应具备下列性能：

1）在实际检测中能提供可靠的声耦合。

2）使被检物表面与探头表面之间润湿，消除两者之间的空气。

3）使用方便。

4）不会很快地从表面流溢。

5）提供合适的润滑，使探头在被检物表面易于移动。

6）耦合剂应是均匀的，且不含有固体粒子或气泡。

7）避免污染，并且没有腐蚀、毒性或危害，不易燃。

8）在检测条件下，不易冻结或汽化。

9）检测后易于清除。

常用耦合剂有机油、化学糨糊、甘油、润滑脂（黄油）、变压器油、水及水玻璃等。机油不利于清除，还给焊缝返修带来不利。化学糨糊更有利于垂直、顶面检测。

耦合剂的另一重要特性是其声阻抗值应介于探头晶片与被检材料声阻抗值之间（薄层介质声阻抗为两侧介质阻抗几何平均值时，声强透射率等于 1，超声全透射）。

操作者的技术对良好的耦合有重要影响，整个过程对探头施加均匀、固定的压力，有助于排除空气泡和获得均匀的耦合层厚度。

四、检测面准备

被检的部位应清除焊接飞溅、氧化皮、锈蚀、油漆、凹坑（用机械、化学方法均可），检测表面应平整，便于探头扫查移动。表面粗糙度值应不大于 6.3μm，一般应进行打磨。

（1）检测区宽度　焊缝本身加上焊缝两侧各相当于母材厚度 30% 的一段区域（5～10mm）。

（2）探头移动区宽度　跨距 $P = 2KT$，一次反射法检测时，探头移动区宽度应大于或等于 $1.25P$；直射法检测时，则应大于或等于 $0.75P$。

（3）母材检测　C级检测有要求时（较重要工件或图样有要求时），应进行母材检测。其结果仅做记录，不属于母材验收。主要检测其是否有影响斜探头检测结果的分层类缺陷。

母材检测要求如下：

1）2~5MHz直探头，晶片直径为10~25mm。

2）检测灵敏度：无缺陷处第二次底波调为屏幕满刻度的100%。

3）缺陷信号幅度超过20%时，应标记并记录。

五、超声检测技术等级

超声检测技术等级分为A、B、C级。超声检测技术等级的选择应符合制造、安装等有关规范、标准及技术图样规定。承压设备焊接接头的制造、安装时的超声检测，一般采用B级进行检测。对重要设备的焊接接头，可采用C级进行检测。

1. A级检验

A级适合于工件厚度为6~40mm焊接接头的检测。可用一种折射角（K值）斜探头采用直射法和一次反射法在焊接接头的单面双侧进行检测。如受条件限制，也可选择双面单侧或是单面单侧进行检测。一般不要求进行横向缺陷检测。

2. B级检验

1）B级检测适用于工件厚度为6~200mm焊接接头检测。

2）焊接接头一般进行横向缺陷的检测。

3）对于要求进行双面双侧检测的焊接接头，如受几何条件限制或堆焊层（或复合层）的存在而选择单面双侧检测时，还应补充斜探头做近表面缺陷检测。

3. C级检验

1）C级检测适用于工件厚度为6~500mm焊接接头检测。

2）采用C级检测时，应将焊接接头的余高磨平。对焊接接头斜探头扫查经过的母材区域，要用直探头进行检测。

3）工件厚度大于15mm的焊接接头一般应在双面双侧进行检测，如有可能，应增加检测与坡口表面平行缺陷的有效方法。

4）对于单侧坡口角度小于5°的窄间隙焊缝，如有可能，应增加检测与坡口表面平行缺陷的有效方法。

5）工件厚度大于40mm的对接接头，还应增加直探头检测。

6）焊接接头应进行横向缺陷检测。

六、前沿长度测定、*K*值测定

1. 前沿长度测定

将探头置于CSK-ⅠA试块上前后移动（图2-23），并保持与试块侧面平行，在显示屏上找到 *R*100mm 圆弧面的最高反射波后，用尺量出距离 *L*（一般测量2~3次，取中间值），则探头前沿长度 *l* 可用如下公式计算得出，即

$$l = 100\text{mm} - L \tag{2-5}$$

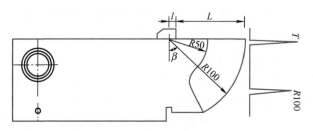

图 2-23　前沿长度测定简图

2. K 值测定

将探头置于 CSK-ⅠA 试块另一端上（图 2-24）前后移动，并保持与试块侧面平行，在显示屏上找出 φ50mm 反射体（有机玻璃）的最高反射波后，用尺量出距离 M，则折射角 β（K 值）可用以下公式计算得出，即

$$\mathrm{tg}\beta = K = \frac{M+l-35}{30} \tag{2-6}$$

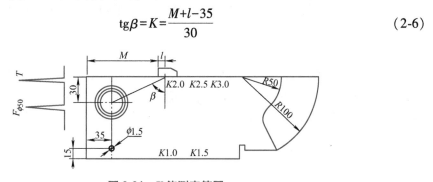

图 2-24　K 值测定简图

七、扫描速度（时基线）调节

仪器示波屏上时基扫描线的水平刻度值 τ 与实际声程 x（单程）的比例关系，即 $\tau:x=1:n$ 称为扫描速度或时基扫描线比例。它类似于地图比例尺，如扫描速度 1:2 表示仪器示波屏上水平刻度 1mm 表示实际声程 2mm。

检测前，应根据探测范围来调节扫描速度，以便在规定的范围内发现缺陷并对缺陷定位。

调节扫描速度的一般方法是：根据探测范围，利用已知尺寸的试块或工件上的两次不同反射波的前沿，分别对准相应的水平刻度值。不能利用一次反射波和始波来调节，因为始波与一次反射波的距离包括超声波通过保护膜、耦合剂（直探头）或有机玻璃斜楔（斜探头）的时间，这样调节扫描速度误差大。

1. 纵波扫描速度的调节

纵波检测一般按纵波声程来调节扫描速度。具体调节方法是：将纵波探头对准厚度适当的平底面或曲底面，使两次不同的底波分别对准相应的水平刻度值。

2. 横波扫描速度的调节

横波检测时，缺陷位置可由折射角 β 和声程 x 来确定，也可由缺陷的水平距离 l 和深度 d 来确定。

一般横波扫描速度的调节方法有三种：声程调节法、水平调节法和深度调节法。

（1）声程调节法　声程调节法是使示波屏上的水平刻度值 τ 与横波声程 x 成比例，即 $\tau : x = 1 : n$。这时仪器示波屏上直接显示横波声程。

按声程调节横波扫描速度可在 CSK- I A 以及其他试块或工件上进行。

（2）水平调节法　水平调节法是指示波屏上水平刻度值 τ 与反射体的水平距离 l 成比例，即 $\tau : l = 1 : n$。这时示波屏水平刻度值直接显示反射体的水平投影距离（简称水平距离），多用于薄板工件焊缝横波检测。

按水平距离调节横波扫描速度可在 CSK- I A 试块、半圆试块、横孔试块上进行。

（3）深度调节法　深度调节法是使示波屏上的水平刻度值 τ 与反射体深度 d 成比例，即 $\tau : d = 1 : n$。这时示波屏水平刻度值直接显示深度距离，常用于较厚工件焊缝的横波检测。

按深度调节横波扫描速度可在 CSK- I A 试块、半圆试块和横孔试块等试块上调节。

八、距离-波幅曲线的绘制

距离-波幅曲线（图 2-25）通常是依据在试块上一组不同深度的人工反射体的反射波幅，实测得到一条基准线绘制而成。一般由评定线、定量线、判废线三条线组成，分三个区域，各线灵敏度依不同标准而定。

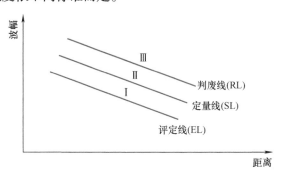

图 2-25　距离-波幅曲线
I—弱信号评定区　　II—长度评定区　　III—判定区

目前国内焊缝检测标准大都规定采用具有同一孔径、不同距离的横孔试块制作距离-波幅曲线。本节以 CSK-III A 标准试块为例绘制距离-波幅曲线。

1）根据所测得的探头入射点和折射角，对时基轴进行深度 1:1 调节。然后把探头对准试块上深度为 40mm 的横通孔，回波调至最高，再调至基准波高，记下 dB 读数。

2）把探头对准试块上深度为 30mm 的横通孔，此时，由于声程减少了，其回波将有所上升，即高于基准高度。可调节仪器的"衰减器"，将回波调至基准高度，记下此时相应的 dB 值。

3）同上依次测定探测距离 20mm、10mm 的横通孔的 dB 读数。

4）对表中数据进行修正，使其相差不要太大。

5）根据距离-波幅曲线的灵敏度表格，计算出判废线、定量线和评定线的 dB 值。

6）根据测量数据在坐标纸上做出判废线、定量线、评定线的距离-波幅曲线。

九、声能传输损耗差的测定

1. 造成声能损失的主要因素

1）材质衰减。

2）表面损失。

3）耦合状况。

4）工件表面粗糙度。

5）曲率（工件形状）。

工件本身影响反射波幅的两个主要因素是：材质衰减和工件表面粗糙度及耦合状况造成的表面声能损失。NB/T 47013.3—2015 标准规定：碳钢和低合金钢板材的材质衰减，在频率低于 2.5MHz、声程不超过 200mm 时，或者衰减系数小于 0.01dB/mm 时，可以不计。超过上述范围，在确定反射波幅时，应考虑材质衰减修正。

2. 斜探头检测时超声材质衰减的测定

1）如图 2-26 所示，制作与受检工件材质相同、表面粗糙度与对比试块相同的平面试块。

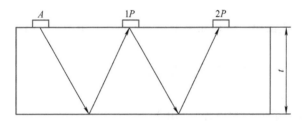

图 2-26　超声材质衰减的测定

2）另选用一只与该探头尺寸、频率、K 值相同的斜探头，置于试块上，两探头入射点间距为 $1P$，仪器调为一收一发状态，找到最大反射波，记录其波幅值 H_1(dB)。

3）将两探头拉开到距离为 $2P$ 的位置，找到最大反射波，记录其波幅值 H_2(dB)。

4）衰减系数 α 可用下式求出

$$\alpha = (H_1 - H_2 - \Delta)/(S_2 - S_1) \tag{2-7}$$

$$S_1 = 2t/\cos\beta \tag{2-8}$$

$$S_2 = 4t/\cos\beta \tag{2-9}$$

式中　Δ——不考虑材质衰减时，不同声程（S_2、S_1）声束扩散造成的波幅差，可用式 $\Delta = 20\lg(S_2/S_1)$ 计算出或从该探头的距离-波幅曲线上查得，一般约为 6dB；

　　　　β——探头折射角。

3. 传输损失差的测定

1）斜探头按深度调节时基扫描线。

2）选用另一只与该探头尺寸、频率、K 值相同的斜探头，置于对比试块上，如图 2-27 所示，两探头入射点间距为 $1P$，仪器调为一收一发状态，找到最大反射波，记录其波幅值 H_1(dB)。

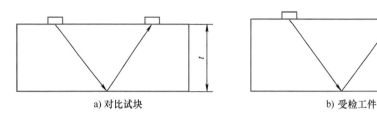

a) 对比试块　　　　　　　　　　b) 受检工件

图 2-27　传输损失差的测定

3）在受检工件上（不通过焊接接头）同样测出接收波最大反射波幅，记录其波幅值 H_2（dB）。

4）传输损失差 ΔV 按下式计算

$$\Delta V = H_1 - H_2 - \Delta_1 - \Delta_2 \qquad (2\text{-}10)$$

式中　Δ_1——不考虑材质衰减时，不同声程（S_1、S_2）声束扩散造成的波幅差（dB）；

S_1——在对比试块中的声程（mm）；

S_2——在工件母材中的声程（mm）；

Δ_2——试块中声程 S_1 与工件中声程 S_2 的超声材质衰减差值（dB）。

4. 由工件曲率造成的表面声能损失

采用带曲率的对比试块，试块曲率半径为工件半径 0.9～1.5 倍。通过对比检测，进行曲面补偿。

检测灵敏度增益总量与以下几个因素有关：

1）工件表面耦合差。

2）材质衰减量（最大检测声程）（dB）。

3）灵敏度要求（根据执行标准确定）。

十、扫查方式

（1）串列扫查　用于厚板窄间隙焊缝或垂直于表面的缺陷检测。多采用两个探头串列式扫查。串列扫查回波位置不变，存在扫查死区，如图 2-28 所示。

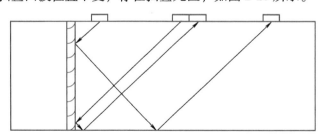

图 2-28　串列扫查

（2）锯齿形扫查　粗扫查。沿 W 轨迹前后移动探头（移动齿距≤晶片直径）并做 10°～15°的左右转动，目的是发现倾斜缺陷，如图 2-29 所示。

（3）左右、前后扫查　左右扫查可测得缺陷长度，前后扫查可测定缺陷自身高度和深度，如图 2-30 所示。

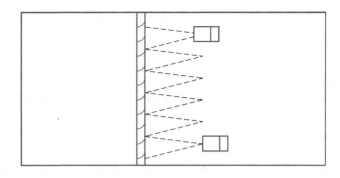

图 2-29　锯齿形扫查

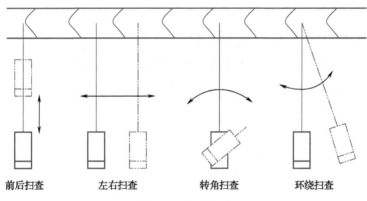

前后扫查　　　　左右扫查　　　　转角扫查　　　　环绕扫查

图 2-30　扫查方式

（4）转角扫查　推断缺陷方向（图 2-30）。

（5）环绕扫查　推断缺陷形状。环绕扫查时，波高不变，可定为点状缺陷（图 2-30）。

（6）平行扫查　其特点是在焊缝边缘或焊缝上（C 级检验，焊缝余高已磨平）做平行于焊缝的移动扫查，可探测焊缝及热影响区的横向缺陷。

（7）斜平行扫查　其特点是探头与焊缝方向成一定角度（约为 10°~45°夹角）的平行扫查，有助于发现焊缝及热影响区的横向裂纹和与焊缝方向成倾斜角度的缺陷。

十一、检测灵敏度选择

1）距离-波幅曲线灵敏度按执行标准规定选择。

2）检测横向缺陷时，应将各线灵敏度均提高 6dB。

3）检测面曲率半径 $R \leqslant W^2/4$（W 为探头接触面宽度，环焊缝检测时为探头宽度，纵焊缝检测时为探头长度）时，距离-波幅曲线的绘制应在与检测面曲率相同的对比试块上进行。

4）在一跨距声程内，最大传输损失差大于 2dB 时应进行补偿。

5）扫查灵敏度不低于最大声程处的评定线灵敏度。

十二、缺陷最大波幅测定

将探头移至缺陷出现最大反射信号的位置，测定波幅大小，并确定区域。最大波幅的确定对于缺陷位置的确定以及缺陷大小的确定都有很重要的影响。

十三、缺陷位置测定

（1）水平定位法

例：时基线调节为水平 1：n。实际检测中发现一缺陷，屏幕读数为 40，则该缺陷水平距离为 $n×40$mm，埋藏深度为 $n×40/K$。

（2）深度定位法

例：时基线调节为深度 1：n。实际检测中发现一缺陷，屏幕读数为 40，该缺陷埋藏深度为 $n×40$，水平距离为 $n×40×K$。

十四、缺陷指示长度测定（图 2-31）

1）当缺陷波只有一个高点，且位于Ⅱ区及以上时，用-6dB 法测量其指示长度。

2）当缺陷波有多个高点，且位于Ⅱ区及以上时，用端点-6dB 法测量其指示长度。

3）当缺陷波位于Ⅰ区及以下时，将探头左右移动，使波幅降到评定线上，以此绝对灵敏度法测量缺陷的指示长度。

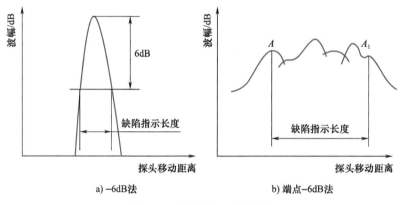

a) -6dB法　　　　　　　b) 端点-6dB法

图 2-31　缺陷指示长度测定

十五、缺陷评定与记录报告

缺陷评定与记录报告需要由具有资格的人员按标准评定、出具为作为质量评定的依据，并根据相关要求进行存档管理。

十六、缺陷类型识别和性质估判

从缺陷定性的角度来评判缺陷，超声波的最大特点是定位准确，根据反射波的水平距离和深度来确定缺陷的位置，然后再根据缺陷的位置判断缺陷的性质，把缺陷的定量判断放在次要的位置。实际检测中常常是根据经验，结合工件的加工工艺、缺陷特征、缺陷波形和底波情况来分析估计缺陷的性质。

1. 平面状缺陷的探测识别

对于平面状的缺陷类型，在不同方向上的探测，其缺陷回波的高度也会有明显的不同，在缺陷垂直方向进行探测时，其缺陷回波较高；而在平行面上进行缺陷探测时，其缺陷回波较低，有些情况甚至没有缺陷回波。所以，针对裂纹类的缺陷类型来说，在探测识别中通常会出现较大的回波高度，且波幅宽，波峰较多。将探头进行平移，会出现反射波连续的现象，且波幅也随之变动；将探头转动，会出现波峰有上下错动的现象，这些都可以作为平面状缺陷识别的依据。

2. 点状缺陷的探测识别

点状缺陷的探测识别在方向上，缺陷回波不会出现显著的变化，其波形稳定，不同方向探测的反射波高度也大致相同，但是在实际的检测中，一旦移动探头，回波就可能消失。根据不同材质内含物阻抗的不同，超声检测的表现形式也有所不同，气孔内通常含有气体，其声阻抗较小，反射率较高，波形呈陡直尖锐状；而金属夹渣或者非金属夹渣类型的缺陷，声阻抗较大，反射波也会更低一些，夹渣面较粗糙时，其波形较宽，呈锯齿形状；气孔较为密集的反射波的波高会随着气孔的大小不一而表现出不同的高度，当探头进行定点转动检测时，波高就会呈现出此起彼落的现象。

3. 咬边缺陷的探测识别

咬边缺陷的探测识别主要表现在反射波上，通常情况下这种缺陷类型的反射波会出现在一次与二次波的前面。在探测过程中，当探头在焊缝两侧进行探测时，都能发现这种现象，当探头移动到能够出现最高反射波信号时，固定探头，可以适当降低仪器的检测灵敏度。用手指沾一些油对焊缝边缘咬边处进行轻轻敲打，对反射信号进行观察，当反射信号有明显的跳动情况时，则说明是咬边反射信号，证明该缺陷类型为咬边缺陷。

4. 裂纹缺陷类型的探测识别

通常情况下，裂纹的回波高度都比较大，波幅较宽，其具有多峰现象。将探头平移，反射波以连续形式出现，波幅会有一定的变动；将探头转动时，波峰会出现上下错动的现象。此外，裂纹缺陷也比较容易出现在焊缝热影响区，且裂纹多数情况下垂直于焊缝，进行探测时，应该在平行于焊缝的方向上进行，这样比较容易使超声波直射到裂纹，便于发现裂缝缺陷。

5. 未焊透缺陷的探测识别

未焊透缺陷类型主要是由于焊缝金属没有填到接头根部造成的。这种缺陷类型主要分布在焊根部分，且两端较钝，具有一定的长度，也是平面缺陷类型的一种。将探头平移时，会发现未焊透缺陷的反射波的波形比较稳定；在焊缝两侧进行探测时，基本上都能得到反射波幅一致性较好的反射波，从而能够判断识别出缺陷的类型。

6. 未熔合熔焊缺陷类型的探测识别

所谓的未熔合熔焊缺陷类型，主要是指焊道与母材之间或者焊道与焊道之间在焊接过程中未完全熔化结合而形成的缺陷。当进行超声检测时，超声波可以通过垂直射到其表面的方式，得到波峰较高的回波。但是，在实际的探测过程中，如果检测方式和折射角的选择不合理，也可能造成漏检。未熔合熔焊缺陷在检测时具有以下特征：当探头平移时，波形呈现比较稳定；进行两侧探测时，反射波的波幅会产生变化，且存在只有在一侧能探测到的情况。

知识点 **3** ▶▶ **管座角焊缝和 T 形焊缝超声检测**

一、管座角焊缝超声检测

1. 管座角焊缝的结构形式

管座角焊缝按结构形式分为安放式和插入式两种。

2. 管座角焊缝超声检测的特点

1）危害最大的缺陷是母材与焊接金属未熔合、裂纹等纵向缺陷。根据其结构特点，以纵波直探头探测为主，辅以斜探头探测。

2）曲面检测时，探头晶片尺寸不宜过大。

3）检测横向缺陷时，可将焊缝加工成平面。

3. 检测方法

1）插入式管座角焊缝（图 2-32）。直探头在接管内壁检测；斜探头在接管内壁检测；斜探头在容器外壁检测。

2）安放式管座角焊缝（图 2-33）。直探头在容器内壁检测；斜探头在接管内壁检测；斜探头在接管外壁检测。

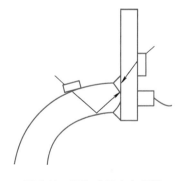

图 2-32　插入式管座角焊缝

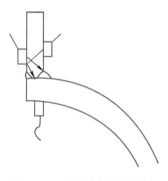

图 2-33　安放式管座角焊缝

二、T 形焊缝超声检测（图 2-34）

1. 结构

T 形焊接接头由翼板和腹板组成。

2. 检测方法

根据重要程度，可采用多种方法组合检测。

1）翼板上侧用直探头检测。

2）翼板上、下侧用斜探头（$K1$）检测。

3）腹板内、外侧用斜探头检测。

3. T 形焊缝超声检测的特点

1）危害性缺陷是母材与焊接金属未熔合、翼板侧层

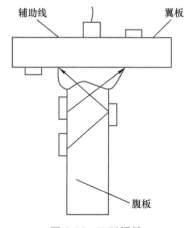

图 2-34　T 形焊缝

间撕裂（母材夹层、焊接应力所至）。

2）翼板检测效果较好（斜探头最好选择 $K1$），但不易看见腹板位置，需作辅助线。

3）有焊脚反射波、迟到波、变形波存在，比对接焊缝检测要复杂。可借助焊脚反射来判断缺陷波（缺陷波在焊脚反射波之前）。

三、管节点焊缝超声检测

1. 管节点焊缝结构与特点

1）管与管呈 K、T、Y 形，以相贯线连接组合。支管开坡口，安放在主管上。

2）施焊角度不利，缺陷易产生在支管侧焊缝熔合区。坡口为火焰切割，不规则；相贯线不吻合，间隙、坡口大小不一。容易出现焊缝中部和根部未焊透。

3）焊缝上部和根部有检测不到的死区。

2. 检测方法

1）以支管检测为主；主管检测为辅。

2）为提高灵敏度和分辨力，宜选用较高频率的探头（5MHz）。

3）用多 K 值探头检测，减小死区。

4）选用较大黏度的耦合剂。

四、奥氏体不锈钢焊缝超声检测

1. 焊缝组织特点

柱状晶粒，明显各向异性，长度达 10mm，声束传播方向偏离，难定位。

2. 探头

选用高阻尼窄脉冲、纵波斜探头；双晶纵波斜探头或聚焦纵波斜探头（提高信噪比）。探头标称频率应在 1~5MHz 范围内。

3. 试块

采用相同材质，与被检工件相同焊接工艺，焊接后加工两组长横孔反射体制成对比试块（用于比较接头组织与母材差异）。

4. 距离-波幅曲线制作

距离-波幅曲线由选定的探头、仪器组合在对比试块上实测数据绘制。在焊缝两侧进行检测时，用焊缝中心的横孔制作距离-波幅曲线，确定灵敏度和进行评定；只在焊缝单侧检测时，应使声束应通过焊缝金属，利用熔合区横孔制作距离-波幅曲线，确定灵敏度和进行评定。

5. 检测方法

用一次波检测（二次波主声束畸变严重，噪声更大，易产生波形转换），缺陷判别与定位比纯横波检测困难。

五、铝焊缝超声检测

1. 焊缝组织特点

材质衰减系数小，纵波声速大于钢，横波声速小于钢。

2. 试块

CSK-IA，用于测入射点，调扫描线（铝焊缝检测时进行声速换算）；铝制横孔试块，用于调扫描线，绘制曲线。

3. 耦合剂

耦合剂不能用碱性的（对铝有腐蚀性）。

知识点 **4** ▶▶ **超声检测工艺卡**

一、无损检测工艺规程

无损检测工艺规程是按本单位的受检对象，依据现行检测标准，合理地选用器材和方法。在满足图样设计要求、监察标准、法规的情况下，正确完成检测工作的书面文件；并作为质保手册的支持性文件，保证检测工作的统一性、可靠性。无损检测工艺规程由通用工艺规程和专用工艺规程（或工艺卡）两部分组成。

通用工艺规程是本单位检测范围内的通用技术规则。一般由Ⅲ级人员编制，另一名Ⅲ级人员（检验责任工程师）审核，总工程师或技术总负责人批准。

工艺卡是针对某一具体检测对象，按合同要求编制的特殊技术规则。其参数更具体，是通用工艺规程的补充。一般由Ⅱ级人员编制，Ⅲ级人员审核即可。

1. 通用工艺规程的编制

（1）编制依据　相关国家法规、规程、产品标准、合同和图样要求。

（2）编制要点

1）遵照或严于国家现行规程、规范和标准。

2）工艺规程覆盖检测范围要有针对性。根据产品（被检对象）特点和本单位机构特点及检测能力编制，不需要的可不编入。要求简明扼要，切实可行。

2. 工艺规程的基本内容

1）主题内容和适用范围。

2）引用标准。

3）检测人员资格。

4）使用设备、器材和材料。

5）受检表面的制备。

6）检测时机。

7）检测技术。

8）检测结果的评定与质量验收。

9）记录、报告和资料存档。

二、超声检测工艺卡的编制

1. 工艺卡与工艺规程的关系

工艺卡是对某一受检产品实施检测拟用的仪器型号，探头晶片尺寸、K 值、前沿，试块型号，耦合剂，检测时机，检测面等具体参数，用文字和图表的形式填在一张卡上，这便是该检测方法对该工件检测的工艺卡。这些参数是编制人员按合同和图样的要求，从通用工艺规程中选出来的。它是工艺规程在该产品上的具体化，更具有统一性和可操作性。工艺卡是工艺规程的补充文件。但凡工艺卡没有规定的一些共性事宜，操作者应按工艺规程执行。

2. 工艺卡编制的原则及注意事项

1）工艺卡是按合同或图样的要求，结合该产品的特殊性编写的，应符合工艺规程的要求，与工艺规程配套使用。

2）工艺卡按编制好的格式填写，凡工艺规程已经明确了的、不具有特殊性的问题可不编入，如仪器、探头系统性能、垂直水平线性等。

3）工艺卡编制时机应在下料后，委托检测前。依据图样、排版图、材料变更单和焊接工艺编制。焊缝编号由焊接工艺确定；焊缝长度、条数、厚度等依排版图等确定。保证焊接、检查和检测记录的一致性和可追溯性。

4）编制者应熟悉图样有关检测的要求，发现不符合情况及时反馈，以防漏检、错检。

5）工件规格、厚度、焊缝位置、编号、长度可在简图上标出。应图物相符，一目了然。

超声检测
原理

超声波测厚仪
的操作

锻件探伤
参数设置

Cobra 扫查架
小径管焊缝检测

● **自学自测** ●

1. 超声检测的原理是什么？
2. 超声检测对哪类焊接缺陷检验效果优越？
3. 超声检测技术等级如何分级？
4. 超声检测如何进行焊缝质量评定？
5. 超声检测时要注意哪些工艺规程？

● **任务实训** ●

空气储罐筒体焊缝的超声检测工作单

—— 计划单 ——

学习领域	焊接质量检验		
学习情境2	压力容器焊缝内部缺陷检测	任务2	空气储罐筒体焊缝的超声检测
工作方式	由小组讨论，制订完成本小组实施计划	学时	1
完成人	1.　　　2.　　　3.　　　4.　　　5.　　　6.		
计划依据	1. 被检工件的图样；2. 教师分配的工作任务		
序号	计划步骤		具体工作内容描述
	准备工作 （准备工具、材料，谁去做？）		
	组织分工 （成立组，人员具体都完成什么？）		
	现场记录 （都记录什么内容？）		
	检测点标记 （如何标记？）		
	核对工作 （谁去核对，都核对什么？）		
	整理资料 （谁负责？整理什么？）		
制订计划说明	写出在制订计划过程中小组成员就如何完成任务提出的主要建议以及需要说明的事项		
计划评价	评语：		
班级		第　　　组	组长签字	
教师签字			日期	

决策单

学习领域	焊接质量检验				
学习情境 2	压力容器焊缝内部缺陷检测		任务 2	空气储罐筒体焊缝的超声检测	
决策目的	确定本次检测人员分工及具体工作内容		学时	0.5	
	方案讨论		组号		
方案决策	组别	步骤顺序性	步骤合理性	实施可操作性	选用工具合理性	方案综合评价
	1					
	2					
	3					
	4					
	5					
	1					
	2					
	3					
	4					
	5					
	1					
	2					
	3					
	4					
	5					
方案评价	评语:					
班级		组长签字		教师签字		月　日

工具单

场地准备	教学仪器 （工具）准备	资料准备
质检一体化教室	超声检测系统、防护服	《国际焊接技师培训教程》 相关的国内及国际标准

作业单

学习领域	焊接质量检验		
学习情境 2	压力容器焊缝内部缺陷检测	任务 2	空气储罐筒体焊缝的超声检测
参加压力容器焊缝内部缺陷检测人员	第　　组	学时	
			1
作业方式	小组分析，个人解答，现场批阅，集体评判		

序号	工作内容记录 （表面缺陷检测的实际工作）	分工 （负责人）
小结	主要描述完成的成果及是否达到目标	存在的问题

班级		组别		组长签字	
学号		姓名		教师签字	
教师评分		日期			

检查单

学习领域	焊接质量检验			
学习情境 2	压力容器焊缝内部缺陷检测		学时	20
任务 2	空气储罐筒体焊缝的超声检测		学时	10
序号	检查项目	检查标准	学生自查	教师检查
1	任务书阅读与分析能力，正确理解及描述目标要求	准确理解任务要求		
2	与同组同学协商，确定人员分工	较强的团队协作能力		
3	查阅资料能力，市场调研能力	较强的资料检索能力和市场调研能力		
4	资料的阅读、分析和归纳能力	较强的分析报告撰写能力		
5	焊接质量检验的超声检测	质检工艺确定及操作的能力		
6	安全生产与环保	符合"5S"要求		
7	事故的分析诊断能力	事故处理得当		
检查评价	评语：			
班级		组别		组长签字
教师签字			日期	

● 任务评价 ●

── 评价单 ──

学习领域	焊接质量检验		
学习情境 2	压力容器焊缝内部缺陷检测	任务 2	空气储罐筒体焊缝的超声检测
评价学时		课内 0.5 学时	
班级：		第　　组	

考核情境	考核内容及要求	分值	学生自评 （10%）	小组评分 （20%）	教师评分 （70%）	实得分
计划编制 （20 分）	资源利用率	4				
	工作程序的完整性	6				
	步骤内容描述	8				
	计划的规范性	2				
工作过程 （40 分）	工作完整性	10				
	工作质量	5				
	报告完整性	25				
团队情感 （25 分）	核心价值观	5				
	创新性	5				
	参与率	5				
	合作性	5				
	劳动态度	5				
安全文明 （10 分）	工作过程中的安全保障情况	5				
	工具正确使用和保养、放置规范	5				
工作效率 （5 分）	能够在要求的时间内完成，每超时 5min 扣 1 分	5				
总分（∑）		100				

小组成员评价单

学习领域	焊接质量检验		
学习情境 2	压力容器焊缝内部缺陷检测	任务 2	空气储罐筒体焊缝的超声检测
班级	第　　组	成员姓名	
评分说明	每个小组成员评价分为自评和小组其他成员评价两部分，取其计算平均值，作为该小组成员的任务评价个人分数。评价项目共设计 5 个，依据评分标准进行量化打分。小组成员自评分后，再由小组其他成员以不记名方式打分		
对象	评分项目	评分标准	评分
自评 （100 分）	核心价值观（20 分）	是否有违背社会主义核心价值观的思想及行动	
	工作态度（20 分）	是否按时完成负责的工作内容、遵守纪律，是否积极主动参与小组工作，是否全过程参与，是否吃苦耐劳，是否具有工匠精神	
	交流沟通（20 分）	是否能良好地表达自己的观点，是否能倾听他人的观点	
	团队合作（20 分）	是否与小组成员合作完成任务，做到相互协作、互相帮助、听从指挥	
	创新意识（20 分）	看问题是否能独立思考、提出独到见解，是否能够用创新思维解决遇到的问题	
成员 1 （100 分）	核心价值观（20 分）	是否有违背社会主义核心价值观的思想及行动	
	工作态度（20 分）	是否按时完成负责的工作内容、遵守纪律，是否积极主动参与小组工作，是否全过程参与，是否吃苦耐劳，是否具有工匠精神	
	交流沟通（20 分）	是否能良好地表达自己的观点，是否能倾听他人的观点	
	团队合作（20 分）	是否与小组成员合作完成任务，做到相互协作、互相帮助、听从指挥	
	创新意识（20 分）	看问题是否能独立思考、提出独到见解，是否能够用创新思维解决遇到的问题	
成员 2 （100 分）	核心价值观（20 分）	是否有违背社会主义核心价值观的思想及行动	
	工作态度（20 分）	是否按时完成负责的工作内容、遵守纪律，是否积极主动参与小组工作，是否全过程参与，是否吃苦耐劳，是否具有工匠精神	
	交流沟通（20 分）	是否能良好地表达自己的观点，是否能倾听他人的观点	

（续）

对象	评分项目	评分标准	评分
成员 2 （100 分）	团队合作（20 分）	是否与小组成员合作完成任务，做到相互协作、互相帮助、听从指挥	
	创新意识（20 分）	看问题是否能独立思考、提出独到见解，是否能够用创新思维解决遇到的问题	
成员 3 （100 分）	核心价值观（20 分）	是否有违背社会主义核心价值观的思想及行动	
	工作态度（20 分）	是否按时完成负责的工作内容、遵守纪律，是否积极主动参与小组工作，是否全过程参与，是否吃苦耐劳，是否具有工匠精神	
	交流沟通（20 分）	是否能良好地表达自己的观点，是否能倾听他人的观点	
	团队合作（20 分）	是否与小组成员合作完成任务，做到相互协作、互相帮助、听从指挥	
	创新意识（20 分）	看问题是否能独立思考、提出独到见解，是否能够用创新思维解决遇到的问题	
成员 4 （100 分）	核心价值观（20 分）	是否有违背社会主义核心价值观的思想及行动	
	工作态度（20 分）	是否按时完成负责的工作内容、遵守纪律，是否积极主动参与小组工作，是否全过程参与，是否吃苦耐劳，是否具有工匠精神	
	交流沟通（20 分）	是否能良好地表达自己的观点，是否能倾听他人的观点	
	团队合作（20 分）	是否与小组成员合作完成任务，做到相互协作、互相帮助、听从指挥	
	创新意识（20 分）	看问题是否能独立思考、提出独到见解，是否能够用创新思维解决遇到的问题	
成员 5 （100 分）	核心价值观（20 分）	是否有违背社会主义核心价值观的思想及行动	
	工作态度（20 分）	是否按时完成负责的工作内容、遵守纪律，是否积极主动参与小组工作，是否全过程参与，是否吃苦耐劳，是否具有工匠精神	
	交流沟通（20 分）	是否能良好地表达自己的观点，是否能倾听他人的观点	
	团队合作（20 分）	是否与小组成员合作完成任务，做到相互协作、互相帮助、听从指挥	
	创新意识（20 分）	看问题是否能独立思考、提出独到见解，是否能够用创新思维解决遇到的问题	
最终小组成员得分			

● 课后反思 ●

学习领域	焊接质量检验		
学习情境 2	压力容器焊缝内部缺陷检测	任务 2	空气储罐筒体焊缝的超声检测
班级		第　　组	成员姓名	

情感反思	通过对本任务的学习和实训，你认为自己在社会主义核心价值观、职业素养、学习和工作态度等方面有哪些需要提高的部分？
知识反思	通过对本任务的学习，你掌握了哪些知识点？请画出思维导图。
技能反思	在完成本任务的学习和实训过程中，你主要掌握了哪些技能？
方法反思	在完成本任务的学习和实训过程中，你主要掌握了哪些分析和解决问题的方法？

学习
情境 3 ▶

压力容器的泄漏、耐压和破坏性检测

📝 工作目标

通过本情境的学习，使学生能够完成以下任务：
1) 完成空气储罐泄漏检测、耐压检测工艺参数制定。
2) 实施空气储罐泄漏检测、耐压检测。
3) 实施空气储罐焊接接头拉伸、弯曲、冲击检测。
4) 对耐压检测、泄漏检测、拉伸检测、弯曲检测、冲击检测进行质量评级并记录和标记。

📋 工作任务

1) 完成空气储罐结构的泄漏检验、耐压检验，并对检测结果进行评定。
2) 完成空气储罐焊接接头的拉伸检测、弯曲检测、冲击检测三个基本的破坏性实验。
3) 填写空气储罐结构的泄漏检验、耐压检验报告。
4) 填写空气储罐焊接接头的拉伸检测、弯曲检测、冲击检测报告。

📋 情境导入

焊接检验人员对空气储罐进行水压或气压的压力检测，观察焊缝、法兰等连接处有无渗漏，以检测压力容器的泄漏情况，同时通过观察承压部件有无明显变形或开裂，来验证空气储罐是否具有设计压力下安全运行所必需的承压能力。对空气储罐进行泄漏检测和压力检测是按照设计图样的要求进行的。

破坏性实验的实施对象可以是根据要求制作的试板，或从破损的工件上截取试样，检验人员需要操作拉伸实验机、冲击实验机、电子万能机进行拉伸试验、弯曲试验和冲击试验三个基本的破坏性实验，以便准确分析其力学性能，为结构的设计和使用寿命的测算提供可靠的检测数据。图 3-1 为空气储罐。

图 3-1 空气储罐

任务 ① 空气储罐结构的泄漏检测与耐压检测

任务单

学习领域	焊接质量检验				
学习情境 3	压力容器的泄漏、耐压和破坏性检测	任务 1	空气储罐结构的泄漏检测与耐压检测		
任务学时	10 学时				
布置任务					
工作目标	在本任务中首先采用耐压检测的水压试验检测空气储罐筒体的承压能力，根据合理的工艺卡进行检测操作。之后，学生完成泄漏性检测的气密性检测，通过此项工作检验工件是否存在气密性缺陷，完成对空气储罐焊接质量的评定，确定其是否合格，并将检测评定结果填写在质检报告中。				
任务描述	根据压力容器储罐的工作压力制定出合理的水压试验工艺，严格按照工艺要求操作，操作时注意安全，严禁带压紧固螺栓或进行任何敲击。检测结束后要彻底泄压。泄压后，进行气密性检测。在水压检测之后不松动连接螺栓，直接将用于气密性检测的氮气通入容器内，达到设计要求的压力时，对所有连接部位、泄漏面、焊缝采用肥皂水进行检测，如果发现气泡，则说明此处有泄漏，需要确认产生泄漏的原因并进行处理，进行标记。如果没有显示泄漏的气泡，则此容器泄漏检测合格。				
学时安排	资讯 4 学时	计划 1 学时	决策 1 学时	实施 3 学时	检查 0.5 学时	评价 0.5 学时
提供资料	1.《国际焊接工程师培训教程》，哈尔滨焊培中心，2013。 2.《国际焊接技师培训教程》，哈尔滨焊培中心，2013。 3.《焊接检验》第 3 版，姚佳、李荣雪主编，机械工业出版社，2020。 4.《无损检测手册》第 2 版，李家伟主编，机械工业出版社，2012。 5. 利用网络资源进行咨询。				
对学生的要求	1. 焊接专业基础知识（焊接方法、工艺、生产），经历了专业实习，对焊接企业的产品及行业领域有一定的了解。 2. 具有独立思考、善于发现问题的良好习惯。能对任务书进行分析，能正确理解和描述目标要求。 3. 具有查询资料和市场调研能力，具备严谨求实和开拓创新的学习态度。				

资讯单

学习领域	焊接质量检验		
学习情境 3	压力容器的泄漏、耐压和破坏性检测	任务 1	空气储罐结构的泄漏检测与耐压检测
资讯学时	4		
资讯方式	在图书馆杂志、教材、互联网及信息单上查询问题；咨询任课教师		
资讯内容	知识点	泄漏检测	问题1：泄漏有哪些危害性？
			问题2：检漏的主要任务有哪些？
			问题3：泄漏检测分类情况是怎样的？
			问题4：气密性检漏的主要工作过程有哪些？
			问题5：煤油检测的过程有哪些？
			问题6：氨气检测的过程有哪些？
		耐压检测	问题1：耐压检测的主要检测内容是什么？
			问题2：耐压检测的评定标准是什么？
			问题3：耐压检测的主要工艺参数是什么？
			问题4：耐压检测基本操作规程和注意事项有哪些？
			问题5：空气储罐结构的耐压检测质量如何评定？
	技能点	完成泄漏检测工艺编制，正确实施泄漏检测操作，能够对焊接检测结果做出正确评定。正确记录操作过程、检测结果，完成质量检测报告的正确填写。	
		完成耐压检测工艺编制，正确实施耐压检测操作，能够对焊接检测结果做出正确评定。正确记录操作过程、检测结果，完成质量检测报告的正确填写。	
	思政点	1. 培养学生爱国情怀和民族自豪感，爱国敬业、诚信友善。 2. 培养学生树立质量意识、安全意识，认识到我们每一个人都是工程建设质量的守护者。 3. 培养学生具有社会责任感和社会参与意识。	
	学生需要单独资讯的问题		

知识链接

知识点 **1** ▶▶ 泄漏检测

泄漏检测是指检测储存液体或气体焊接容器焊缝密封性缺陷的无损焊接质量检验方法。为了确保设备产品的完全可靠或获得真空，防止易燃、易爆、有毒、腐蚀性介质漏出，容器和管道的泄漏检测是至关重要的。泄漏检测可分为气密性试验（如氨气试验、吹气试验及氮气试验）和密封性试验（如煤油试验、沉水试验及载水试验）等检测方法。

一、泄漏检测方法分类及应用范围

储存液体或气体的焊接容器都有泄漏检测要求。生产中常用泄漏检测来检查焊缝的贯穿性裂纹、气孔、夹杂、未焊透等缺陷。泄漏检测方法分类及应用范围见表 3-1。目前，在焊接容器设备中常用的泄漏检测方法是气密性检测。

表 3-1　泄漏检测方法分类及应用范围

名称	检测方法	应用范围
气密性检测	将焊接容器组装密封后，按设计图样规定的气密性检测压力通入压缩空气，在焊缝外面涂以肥皂水进行检查，不产生肥皂泡为合格	密封容器
吹气检测	用压缩空气对着焊缝的一面猛吹，焊缝的另一面涂以肥皂水，不产生肥皂泡为合格 检测时，要求压缩空气压力大于 405.3kPa，喷嘴到焊缝表面的距离不超过 30mm	大型敞口容器
载水检测	将容器充满水，观察焊缝外表面，无渗水为合格	小型敞口容器
水冲检测	对着焊缝的一面用高压水流喷射，在焊缝的另一面观察，无渗水为合格 水流的喷射方向与检测焊缝表面的夹角大于 70°。水管喷嘴直径为 15mm 以上，水压应使垂直面上的反射水环直径大于 400mm；检查竖直焊缝时，应从下往上移动喷嘴	大型敞口容器，如船甲板等泄漏焊缝的检查
沉水检测	先将容器浸到水中，再向容器内充入压缩空气，使检测焊缝处在水面下 50mm 左右的深处，进行观察，无气泡浮出为合格	小型容器泄漏检查
煤油检测	煤油的黏度小，表面张力小，渗透性强，具有透过极小的贯穿性缺陷的能力。检测时，将焊缝表面清理干净，涂以白粉水溶液，待干燥后，在焊缝的另一面涂上煤油浸润，经 0.5h 后白粉无油浸为合格	敞口容器，如储存石油、汽油的固定式储器和同类型的其他产品
氨渗透检测	氨渗透检测属于比色检漏，以氨为示踪剂、试纸或涂料为显色剂进行渗漏检查和贯穿性缺陷的定位。检测时，在检验焊缝上贴上比焊缝宽的石蕊试纸或涂料显色剂，然后向容器内通以规定压力的含氨的压缩空气，保压 5~30min，检查试纸或涂料，未发现变色为合格	密封要求较高的密封容器，如尿素设备的焊缝检测

（续）

名称	检测方法	应用范围
氦检漏检测	氦气是稀有气体，不会与其他物质发生反应；氦气密度小，能穿过微小的空隙。氦检漏检测是通过被检容器充氦气或者用氦气包围着容器后，检查容器是否漏氦。利用氦气检漏仪可发现千分之一的氦气存在，是灵敏度很高的泄漏检测方法	用于密封要求很高的压力容器

二、容器泄漏问题的特点

设备或器件因功能不同，泄漏点的大小、部位和泄漏物质不同，泄漏所带来的危害程度和危害表现也就不同。泄漏的危害性主要表现在以下几方面。

（一）破坏真空设备或真空器件的工作真空度

真空设备和器件要求在一定的真空度下工作，因此必须预先将真空设备和真空器件预抽到相应的或更高的真空度。一般真空设备本身带有抽气系统，设备工作时真空系统仍然对其抽气，微小的泄漏存在一般不会影响其工作真空度，但是比较严重的泄漏则会破坏设备的平衡压力，干扰甚至破坏设备的正常工作。如加速器真空度的破坏将造成粒子能量的损失；镀膜机真空度的破坏将影响膜层质量；对于电真空器件来说，在制造过程中用相应的真空系统将它抽到一定的真空度后，如果器件有泄漏，则器件中的压力将随时间上升，漏孔越大，器件中的压力上升得越快，由于电真空器件（如电子管）的体积一般很小，微小的漏孔也将很快破坏器件内的真空度，使器件无法工作。

（二）破坏仪器设备内部的工作压力

各种仪器设备的工作压力是不同的，相应系统内阀门开启与关闭的压力也是有严格要求的，如果出现泄漏，则可能造成压力不够、阀门不能正常工作，从而使整个系统不能正常工作。

（三）使储存的高压气体或燃料损失

由于泄漏的存在，使容器内的介质流失，造成容器内介质储备不够，将直接影响容器所在系统的正常运转。例如，储存高压气体或燃料的气瓶和储罐如果有泄漏，将会造成大量的气体或燃料的浪费，甚至影响该容器工作系统的功能和使用寿命。

（四）对器件内部气体造成污染

有些微电子器件不仅要求在一定的压力下工作，而且只允许在某些气体下工作，因此其内部一般要充入保护性气体。然而，由于漏孔存在，外部环境中的有害气体（如水蒸气）可能通过漏孔进入设备或器件内部，使器件内部气体成分发生改变，即造成污染，使器件不能正常工作甚至失效。另外有毒、有害物质泄漏到空气中，会对人员造成危害。

三、泄漏检测的工序位置

泄漏检测的任务是用适当的方法检测产品是否漏气。即使设备的设计、加工和安装都非常满意，也不可能做到绝对不漏气。通常所说的"不漏"是相对泄漏检测灵敏度而言的，一般泄漏检测是采用目视的方法或者借助于肥皂水进行检测，这种方式取决于人眼的感知度。而氦泄漏检测设备对氦气的感应度决定检测灵敏度，氦泄漏检测方法主要是测定总漏率（漏孔定量），确定它是否在允许泄漏率范围之内；同时还能找出漏孔的确切位置（漏孔定位），以便进行修补。产品可接受的泄漏率是由产品使用条件及介质要求决定的。设备检漏方法的运用及有效性取决于设计要求及检漏方法的正确实施。检漏工作应在以下阶段实施。

（一）在产品制造或检测开始前

检漏人员应充分了解设计人员所提出的允许泄漏率及检测要求，同时了解设备的结构、材料、焊接及泄漏形式、敷层、连接件、技术要求等信息，并从检漏角度提出对设计的要求，例如不要采用连续双面焊结构，设计一个能与检漏仪器、充压系统或抽气系统方便连接的检漏接头，尽量减少总装后无法检查的焊缝，不要采用铸件等。然后，针对设计提出的泄漏率指标拟订检漏方案或程序，并设计出泄漏检测所需的工装和附件（如检漏盒、盲板、接头等）。

（二）在设备的加工阶段

检漏人员要向生产单位了解加工工艺及加工工序，并从检漏角度提出对加工工艺及加工工序的要求。在加工过程中，焊接人员要紧密配合加工工序，及时地对各种零部件，特别是制造完毕后无法接触或修理的部件的焊缝进行严格检漏，不合格的要求重焊或补焊，重焊或补焊后要重新检漏，符合要求后才允许进行下一工序。对于大型复杂结构的设备，它直接影响到总装后总体检漏工作的成败与速度，不可忽视。

（三）在设备的安装、调试阶段

检漏人员要根据安装的顺序，一步一步有计划地进行检漏。如果条件允许，最好在每安装一个零部件后便对有密封要求的连接部位进行一次检漏，达到要求后再安装下一个零部件。要避免将所有零部件装完后再检漏，否则会给总体检漏工作带来极大的困难。因为在这种情况下，除了有疑问的部位太多外，有些连接部位可能难以实现检漏。调试过程中，一般先进行总漏率测试，以便确定总漏率是否在允许范围之内。如果总漏率在允许范围内，就不需再进行检漏了；如果总漏率超出允许范围，检漏人员应根据需要，尽可能选用最简单、经济的方法进行找漏。

（四）在设备的运转或使用阶段

由于机械振动造成连接部位松动；经常拆卸或转动泄漏部位，出现泄漏圈的划伤、损坏、磨损；某些部位由于冷热冲击而疲劳，由于应力集中而破裂；某些部位受工作液的腐蚀而破损；某些曾被油、水蒸气及其他脏物堵塞的漏孔的疏通等，都可以使设备出现漏气现象。因此，需要定期对设备进行检漏，检测周期一般是一年。检漏人员应根据设备的使用情况、故障现象来分析故障原因，判断漏气的可能位置，然后采取相应的检漏手段找出漏气位置，使设备尽快恢复正常运转。

随着现代化工业和科学技术的发展，泄漏检测显得越来越重要。核工业放射化工设备、核电设备及核产品容器都包含着大量放射性物质，所有这些容器、部件的系统都需要进行严格的泄漏检测。另外，化工、冶金、电子、航空及低温、高真空领域对产品、设备的密封要求也越来越高。为了确保设备产品的完全可靠或获得真空，防止易燃、易爆、有毒、腐蚀性介质漏出，容器和管道的泄漏检测是至关重要的。

四、常用的泄漏检测方法

（一）气密性检测

气密性检测是通过将系统或单个泄漏检测设备充气到指定的压力，然后进行相关连接部位的泄漏检测。为了确保检测的安全性，气密性检测应在液压检测合格后进行。压力容器气密性检测压力为压力容器的设计压力。对设计要求做气压检测的压力容器，一般不需要再进行气密性检测，必要时可在气压检测完成后降压到设计压力并保压，再进行检测。

1. 气密性检测条件

根据《压力容器安全技术监察规程》的规定，符合下面任一条件的压力容器必须进行气密性检测：介质毒性程度为极高、高度危害；设计上不允许有微量泄漏的压力容器；介质具有易燃、易爆特点。另外，如有泄漏将危及容器的安全性和正常操作的其他各种情况，都应考虑进行气密性检测。

2. 气密性检测方法的操作要求

根据《压力容器安全技术监察规程》的规定，压力容器气密性检测的要求如下。

1）气密性检测应在液压检测合格后进行。对进行气压检测的压力容器做气密性检测时，气密性检测可与气压检测同时进行，检测压力应为气压检测后降到设备的设计压力。气密性检测所用气体，应为干燥、清洁的空气、氮气或其他稀有气体。例如，气密性检测可选空气压缩机作为气源，如图3-2所示。

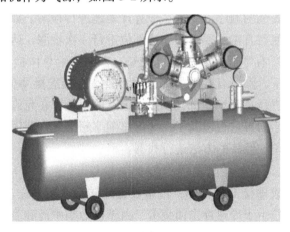

图3-2　空气压缩机

2）碳素钢和低合金钢制压力容器，其检测用气体的温度应遵照标准规定，不低于5℃。压力容器进行气密性检测时，一般应将安全附件（安全阀、减压阀等）装配齐全。如需使用前在现场装配安全附件，应在压力容器质量证明书的气密性检验报告中注明装配检测和气密性检测；经检查无泄漏，则设备泄漏检测合格。

3）与气压检测同时进行泄漏检测时，压力应缓慢上升，达到规定气压检测压力后保压不少于30min，然后降至设计压力后保压进行泄漏检测，若有泄漏，修补后重新进行气压检测和气密性检测；经检查无泄漏，则设备泄漏检测合格。

根据设备的使用条件、设备结构、设备泄漏要求以及检测任务要求，可选用气密性检测方法检测设备的泄漏情况；检测结果的评定以没有发现因泄漏产生气泡为合格。

（二）煤油检测

对外侧焊有连续焊缝、内侧焊有间断焊缝的罐体壁上的搭接和对接焊缝，都要涂上煤油进行泄漏检查，即煤油检测。

焊缝检查的一侧，要把脏物和铁锈去掉，并涂上白粉乳液（生石灰），干燥后，在其另一侧的焊缝上至少喷涂两次煤油，每次要间隔 10min。

煤油的渗透力很强，能够渗透极小的毛细孔。如果煤油喷涂浸润以后经过 12h，涂白色焊缝的表面没有出现黑色的斑点，焊缝就符合要求；如果环境温度低于 0℃，则需要在 24h 后不应出现斑点。冬天为了加快检查速度，允许用事先加热至 60～70℃ 的煤油来喷涂浸润焊缝。此时，在 1h 内不应出现斑点。焊在垫板上的对接焊缝和双面搭接焊缝，通过用 10.1MPa 压力，经专门钻好的孔往钢板或垫板之间的缝隙压送煤油的办法来进行泄漏检测。检测以后，将钻孔喷吹干净并重新焊好。

（三）氨渗透检测

1. 检测适用范围及要求

当对压力容器焊缝有高密封要求、不允许存在微小渗漏通道，而通常的气密性检测或煤油检测又无法进行时，可采用氨渗透检测方法。例如，有防腐层作衬里的容器要检查衬里的焊缝是否有微小泄漏通道时，常采用这种检验方法。容器内可采用纯氨或 15%、20%、25%浓度的混合气体，所用压力可为 0.05MPa、0.15MPa、0.185MPa，保压时间从几分钟到 20min。若有泄漏通道，具有高渗透性的氨便会渗透出来，再通过容器外层预先设置好的检漏孔排出。这时只需用 5%的硝酸汞或酚酞水溶液浸渍过的纸条（或其他试剂）在检漏孔处检查即可。

由于氨是易燃、易爆气体，检验现场应切实做好防火和防爆的安全工作，必须派专人驻守现场。氨气有毒，检验人员和现场人员应切实做好防毒和隔离操作的工作。

2. 检测方法分类及操作程序

氨渗透检测方法分为抽真空法和置换法。置换法就是采用其他气体和氨气互换，以达到检测的目的。一般采用氮气作为置换氨气的气体，这是因为氮气为不活泼气体，不与其他物质发生反应。如果只用氨气检测，则危险性较大。图 3-3 所示为压力容器氨渗透检测用置换法示意图，具体步骤如下：

1）按工艺及规范完成该试压产品的水压检测，水压检测合格后使产品保持充满试压水状态。事先应在水池中放入自来水。

2）打开放气排水阀门排水，同时打开氮气压力钢瓶的阀门充入氮气。

3）当放气排水管在水池中的管口有氮气溢出（即有大量气泡）时，关闭放气排水阀门和氮气压力钢瓶的阀门。

4）打开氨气压力钢瓶阀门，充入氨气，使压力达到 0.09MPa（表压）。

5）关闭氨气压力钢瓶阀门，停止充氨。

6）打开氮气压力钢瓶阀门，充入氮气，使压力达到 0.60MPa（表压）。

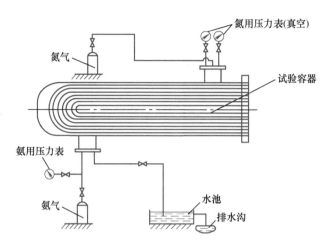

图 3-3　压力容器氨渗透检测用置换法示意图

7）将检漏显示剂（或试纸）紧密涂敷在管板上，并始终让其保持湿润状态。

8）关闭氮气压力钢瓶阀门，停止充氮。

9）进行保压检漏，在检漏压力下，保压时间为 6h。检查泄漏情况的时间和次数为：保压开始后 0.5h、1h 各一次，以后每 2h 检查一次，观察试纸上有无红色斑点出现。

10）检漏检验完毕，应小心缓慢地开启放气排水管路阀门进行排泄，避免因压力过大吹跑水池中的水。

11）当压力降为 0MPa 时，打开氮气压力钢瓶阀门和三通管路进气阀门，充入氮气，用 3~5 倍充气空间容积的氮气进行置换。清除氨气后，关闭阀门。

12）拆除检漏用的设备和仪表，并进行清理。

通过检测证明，氨渗透检测除了能满足设计图样要求外，还大大提高了容器的密封性、可靠性和安全性。

五、泄漏检验工艺操作过程

（一）检测前准备

1. 检测件的准备

产品为空气储罐，设计压力是 1.2MPa，根据《压力容器安全技术监察规程》的规定，以及使用介质、使用条件及设计要求，确认对此产品进行气密性检测。

1）气瓶气密性检测的环境温度应不低于 5℃。

2）气密检测前进行压力检测，在压力检测保压时，必须对容器进行全面认真的检查，确认容器没有在压力检测时出现变形、泄漏等，这样可确认容器具有承受设计压力下的强度。气密性检测前必须经压力检测合格。

3）清理干净容器被检部位，不得有油污或其他杂质。

2. 气密性检测器具准备

（1）用于气密性检测的气源　可根据现场条件、设备要求准备相应的气源：压缩空气或氮气（也可使用瓶装氮气）。本次检测采用瓶装氮气。瓶装氮气的压力一般在

10MPa 左右，可自然放气到容器内。

（2）压力表　根据气密性检测压力大小选择合适的压力表，压力表的量程值一般为检测压力的 1.5~3 倍。因产品的设计压力是 1.2MPa，故选择 4MPa 量程的压力表。

（3）可压缩瓶装肥皂水　肥皂水通过将肥皂溶解在水中制作而成，也可用洗涤剂与水混合而成。

（4）其他器具　软棉布（毛笔）——可将肥皂水涂抹到一些细小的拐角处；抹布——用于检测前清理设备表面或检测结束后清理设备表面；手电筒——用于增强设备表面的光照度，便于观察。

（二）检测操作

1）容器压力检测后，不拆去螺栓连接，直接将氮气瓶通过压力表、气管连接到容器上，如图 3-4 所示。

图 3-4　气密性检测

2）缓慢松开氮气瓶阀门，同时观察压力表，当压力达到 0.6MPa 时，用肥皂水检查容器所有连接部位、密封面、焊缝，在没有泄漏的情况下继续升压到检测压力（1.2MPa）。保压不少于 30min，同时用干净的毛笔或软棉布蘸上肥皂水，均匀地涂抹在被检处（四周都涂），全面检查容器上所有连接部位、密封面、焊缝。然后，等几分钟后借助手电筒仔细观察所有连接部位、密封面、焊缝上是否有气泡产生。

3）全面检查容器上所有连接部位、密封面、焊缝。

4）气密性检测结束后，稍开启瓶阀放气，缓慢放气完成后，将容器表面擦干。

六、泄漏检验结果分析

容器上所有连接部位、密封面、焊缝无肥皂泡产生，即表明无泄漏，此时就说明该容器气密性检测合格；若有肥皂泡出现，即表明该处有泄漏，该容器气密性检测不合格。应在容器泄漏处做好明显标记，以待处理。

气密性检测完成后，根据检测结果撰写检测报告，报告中至少包含以下内容：产品名称、规格，检测介质，检测压力，检测结果，检测人员、检测日期，见表 3-2。

表 3-2　气密性检测报告

产品名称		焊缝编号		焊工号	
材质		焊接方法		施焊日期	
检测介质		检测压力		加压时间	
焊缝成形					
其他					
检测结果					
备注					
检测人员			检测日期		

知识点 2 ▶▶ 耐压检测

空气储罐在制造完成后，需对该承压部件的强度和密封情况进行检测，按压力容器相关标准由压力检测来完成此项检测工作。根据空气储罐的材料构成及结构特点，考虑到实际操作的方便性及检测成本、安全性等方面，采用水压检测方法进行检测是比较合适的。要完成空气储罐水压检测任务，首先要对水压检测的相关标准和图样有一定的了解，熟悉电动压力泵设备的操作规程，正确选用压力表，了解水压检测的相关条件和安全操作要求，掌握水压检测的操作方法，对水压检测合格与否进行准确判断，并撰写水压检测报告。

压力检测是将制造完毕的待检设备（工件）充入合适的液体或气体介质并将其密闭，通过加压设备将待检设备（工件）按照相应标准升到一定压力后，通过观察待检设备（工件）有无明显变形或破裂，来验证待检设备（工件）是否具有设计压力下安全运行所必需的承压能力。其检验结果不仅是产品是否合格和等级划分的关键，而且是保证其安全运行的重要依据。

压力检测的目的是检验压力容器的承压部件的强度和密封情况。在检测过程中，通过观察承压部件有无明显变形或破裂，来验证压力容器是否具有设计压力下安全运行所必需的承压能力。同时，通过观察焊缝、法兰等连接处有无渗漏，检验压力容器的密封情况。

根据检测介质的不同，压力检测分为液压检测与气压检测两大类，两者的目的与作用是相同的，只进行其中一种即可。由于压力检测的检测压力要比最高工作压力高，所以应该考虑到压力容器在压力检测时有破裂的可能性。由于相同体积、相同压力的气体爆炸时所释放出的能量要比液体大得多，为减小压力容器在耐压检测时破裂所造成的危害，通常情况下检测介质选用水、煤油等液体。凡在检测时不会导致发生危险的液体，在低于其沸点的温度下，都可用做液压检测介质。一般应采用水，因为水的来源和使用都比较方便，又具有做耐压检测所需的各种性能，故液压检测也常称为水压检测。当采用可燃性液体进行液压检测时，检测温度必须低于可燃性液体的燃点。检测场地附近不得有火源，且应配备适用的消防器材。

气压检测比液压检测危险的主要原因是气体的可压缩性高。在气压检测中一旦发生破坏事故，不仅会释放积聚的能量，而且会以最快的速度恢复在升压过程中被压缩的体积，因此其破坏力极大，这时的气体形成的气流相当于爆炸时的冲击波。出于对安全因素的考虑，压力检测应优先选择液压检测，一般只有在下列情况下才允许采用气压检测。

1）容器充满液体介质后，会因自重和液体的质量导致容器本身或基础破坏，这里主要是指直径大、压力低且充满气态介质的容器，如大型天然气球罐等。

2）因结构原因，液压检测后难以将残存液体吹干排净，而使用时又不允许残存任何液体的容器。

一、水压检测

水压检测是对系统的强度检测。水压检测是通过往压力容器内注满水，当其内部压力升到检测压力并经稳压后，观察仪表压力及试件外表是否变化，从而判断压力容器是否合格的一种检验方法。它适用于不与水发生反应的密闭产品。如图3-5所示为水压检测示意图。

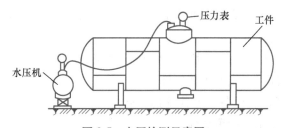

图3-5 水压检测示意图

水压检测是最常用的压力检测方法。水的压缩性很小，倘若容器一旦因缺陷扩展而发生泄漏，水压立即下降，不会引起爆炸。水压检测既廉价又安全，操作也很方便，因此得到了广泛应用。对于极少数不能充水的容器，如对氯离子含量要求较高的容器，则可采用不会发生危险的其他液体，如液压油等，但要注意检测温度应低于液体的燃点或沸点。

水压检测压力应以能考核承压部件的强度、暴露其缺陷，但又不损害承压部件为佳。通常规定，承压部件在水压检测压力下的薄膜应力不得超过材料在检测温度下屈服强度的90%。

（一）水压检测准备工作及安全注意事项

在水压检测中主要设备是电动试压泵。其他器材包括压力表、加压管、通用接头、扳手、锤子、温度计、水温测量仪等。在使用电动试压泵时，应注意正确操作与维护。

为了顺利而准确地完成水压检测工作，保证检测设备工作正常，正式操作前应做好以下准备工作。

1）检查水压机润滑系统油位，松开减速器上的油位螺塞，向箱内加入润滑油，待油从油位螺孔中溢出时，即可停止加油。

2）向两侧传动器内加 30 号机械油，油面勿高于十字头下部导轨面，使用中还需移开传动器上的加油标牌，定期向油池中加注润滑油，并保持每次运转时有油往传动器内滴注。

3）水箱内加满洁净的水，并注意随时补充，其温度应在 5~60℃，并以略高于环境温度为宜。

4）压力表的量程应为相关标准规定检测压力的 1.5~3 倍。

5）被试器件中应预先放尽空气，充满水，以缩短试压时间。

6）运转前开启放水阀和截止阀，起动泵在常压下试运转，若无异常响声及阻滞现象、回水管排除水、进水管正常充液时，即可关闭放水阀，进行试压。

（二）水压检测条件

根据压力容器水压检测相关标准规定，水压检测应满足以下条件。

1）压力容器本体和受压元件的水压检测，应在无损检测和热处理后进行。

2）水压检测必须在 5℃ 以上的环境温度下进行，在低于该温度时应有防冻措施。

3）在水压检测平台上必须设温度计，以便记录环境温度。

4）水压检测水质一般采用洁净的自来水或井水，当采用储水罐循环用水时，其用水必须保持清洁。检测水质应具有适当的温度，以适应不同的要求，但不应低于露点温度和高于钢材的脆性转变温度。

5）试件人孔、头孔、手孔的密封装置在检测完成后将随试件出厂，因此该密封装置必须采用该产品配件，不能使用替代件。

6）水压检测的场地、设备、工具及其要求。

①水压检测应有专用的检测场地。

②水压检测用加压泵应符合水压检测压力值、压力稳定性及操作方便等工艺要求。

③检测时，试压泵与试件各装一只经定期检定合格的压力表，一般情况下，压力表量程是检测压力的 1.5~3 倍，最好选用 2 倍。具体水压检测的压力规定如下。

a. 可以选择压力容器、单个锅筒和整装出厂的焊接压力容器的检测压力。

b. 集装箱和其他类似的部件，应该用 1.5 倍的工作压力进行水压检测。

c. 对接焊接的受热面管子及其他受压管件，应逐件进行水压检测，检测压力为元件工作压力的 2 倍。工地组装的受热面管子、管道的焊接接头可与本体同时进行水压检测。

7）水压检测用加压管一般选用软性黄铜管或高压橡胶管，长度以 4m 左右为宜。

8）水压检测用通用接头、扳手、锤子、温度计、水温测量仪等应满足水压检测有关量程、操作方便性等工艺要求，温度计、水温测量仪应经校验合格且在有效期内。

9）水压检测应在光线充足的条件下进行。

（三）水压检测操作程序

1. 水压检测前的准备

1）产品在进行水压检测之前，焊接工作必须全部结束，且焊缝的返修、焊后热处理、力学性能检验和无损检测都必须合格。

2）受压部件充水之前，必须清理干净药皮、焊渣等杂物。

2. 水压检测的规范

水压检测的规范包括环境温度、水的温度、检测压力和保压时间等。

1）水压检测时，水的温度应高于材料的脆性转变温度，但不能太高，以防汽化造成检验时渗漏难以发现。我国现行标准规定，碳素钢、16MnR 和正火 15MnVR 钢制容器水压检测的水温不得低于 5℃，其他低合金钢不低于 15℃。一般情况下使用的水温为 5~60℃。

2）检测前，电动试压泵、压力表、加压管等各连接部件的紧固螺栓必须装配齐全，并将两个量程相同、经过校正的压力表装在检测装置上便于观察的地方。

3）检测现场应有可靠的安全防护装置，停止与检测无关的工作，疏散与检测无关的人员。

3. 水压检测操作过程

1）向试件充水前，应把试件内部铁屑、杂物等清理干净，并用水冲洗内部。试件留出排气孔和进水孔各一个，其余孔分别用封板、法兰盖、胀塞封闭，并装好人孔、头孔及手孔装置。

2）将加压泵与试件连接妥当，各装设压力表一个。

3）通过进水孔将水注入试件内，水充满后关闭排气孔。

4）检测时，将容器充满水后，用顶部的放气阀排净内部的气体。将空气排净后再密封加压。检测过程中应保持压力容器、压力容器（试件）表面的干燥，并注意观察。

5）待压力容器、压力容器壁温度与水的温度接近时，缓慢升压至设计压力；确认无泄漏后继续升压到规定的检测压力。焊接的压力容器应在检测压力下保持 5min；压力容器根据容积大小保压 10~30min。然后降至设计压力下保压进行检查，保压时间不少于 30min，以便对所有焊缝进行检查。如有渗漏，修补后重新检测。注意必须降压、排水、干燥后才能修补，不得在有压力和与水接触的情况下补焊。检查期间压力应保持不变，不得采用连续加压以维持检测压力不变的做法，不可带压紧固螺栓。

6）对于夹套容器，应先进行内筒水压检测，合格后再焊夹套，然后进行夹套内的水压检测。

7）漏水、渗水部位须做出标记，并做好记录。

8）水压检测完毕后，应拆除所有管座上的封口元件，将水放尽，并用压缩空气将内部吹干。

9）水压检测合格后，检验员应在试件上做出"水压合格"标记，并填写水压检测原始记录，交品质部存入档案。

（四）水压检测的结果评定

水压检测应按照压力容器的类别执行《压力容器安全技术监察规程》《热水压力容器安全技术监察规程》《蒸汽压力容器安全技术监察规程》相应的标准和设计图样的要求进行结果评定。

1. 合格标准

1）压力容器水压检测过程中，符合下列条件则水压检测为合格：无渗漏；无可见的变形；检测过程中无异常的响声；对抗拉强度规定值下限大于或等于540MPa的材料，表面经无损检测抽查未发现裂纹。

2）压力容器水压检测后，符合下列条件则水压检测为合格：在受压元件金属壁和焊缝上没有水珠和水雾；空气储罐胀管胀口处，在降到工作压力后不滴水珠；水压检测后，无渗漏，无残余变形发生。

2. 安全操作要求

1）检测人员应熟悉试件水压检测的条件和图样要求。

2）检测人员应熟悉安全规程，确保人身、设备安全。

3）经常检查加压泵、压力表及保险装置，发现故障应及时排除，检查无故障后方可操作。

4）试压过程中，操作人员不得少于2人，且要求1人留在电源开关旁。

5）检测压力大于9.8MPa时，应在水压检测场地的醒目位置设立警示牌。

6）试压操作人员不得擅离岗位，检测过程中应随时观察试件有无异常变化。如发现异常响动、压力下降、加压装置发生故障等，应立即停止检测并查明原因。

7）水压检测时，检测场地内禁止无关人员在场。

8）水压检测前拧紧螺栓，登高作业时防止滑跌和工具脱手伤人。

9）检测压力下，任何人不得靠近试件，待降到工作压力后，方可进行各项检查。

（五）撰写检测报告

水压检测合格后，检验员应在试件上做好"水压合格"标记，并填写水压检测原始记录，交品质部（质检部门）存入档案。根据水压检测原始记录，将检测所得原始数据进行整理，编制相关的水压检测报告，见表3-3，并经相关责任人员签字确认。水压检测报告中的水压检测过程图，应根据相关标准和具体检测工件的相关技术要求确定，如图3-6所示。

表3-3　水压检测报告

产品编号	×× ×	产品型号	×× ×	试件名称	×× ×
执行标准	《压力容器安全技术监察规程》	环境温度	25℃	检测温度	21℃
额定压力	0.8MPa	检测压力	1.2MPa	稳压时间	20min
升压过程	缓慢	试压泵型号	4DSY-165/6.3	试压泵编号	×× × ×
试压泵上压力表型号	Y-100	量程及精度	0~2.5MPa 1.5级	检测编号	×× × ×
				有效日期	×年×月×日

（续）

试件上压力表型号	Y-100	量程及精度	0~2.5MPa 1.5 级	检测编号	××××
				有效日期	×年×月×日
操作工		专检人员		检测日期	×年×月×日
检测结论	合格	监检员		监检日期	×年×月×日

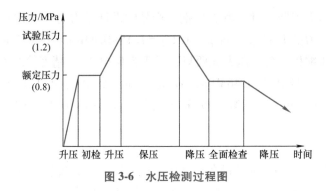

图 3-6　水压检测过程图

二、气压检测

由于气体的体积压缩比大，气压检测时会因缺陷扩展而可能引起爆炸危险。如果由于设备结构原因（如设备容积大）、支撑原因（如地基无法承受）不能向压力容器内充灌液体时，或者有水渍存在不便清除而有可能参与介质反应发生爆炸时，以及运行条件不允许残留检测液体存在致使压力容器不能用液压检测时，只能采用气压检测。气压检测主要是检测压力容器的耐压强度和密封情况，气压检测压力为设计压力的 1.15 倍。

（一）气压检测的要求

1）GB 150—2011《压力容器》规定，进行气压检测的容器，对其纵缝和环缝等焊接接头进行 100% 射线或超声检测。根据《压力容器安全技术监察规程》的要求，气压检测时，容器壳体的环向薄膜应力值不得超过检测温度下材料屈服强度的 80% 与圆筒的焊接接头系数的乘积。

2）碳素钢和低合金钢制压力容器的检测用气体温度不得低于 15℃。其他材料制压力容器的检测用气体温度应符合设计图样规定。

3）使用介质。根据试件对介质的要求，检测所用气体应为干燥洁净的空气、氮气或其他不活泼气体，对盛装介质要求较高或试件材料不适合空气作为检测介质时，应采用氮气或其他不活泼气体。气压检测实际操作时一般采用空气作为检测介质，不需要在设备上安装安全附件。

4）注意事项。由于气压检测危险性比液压检测高，因此对安全防护的要求也比液压检测高。气压检测试压环境必须安全可靠，要设有防爆墙及其他安全设施，除了要有必要的保护措施外，还要有检测单位的安全部门人员在现场进行监督。

（二）气压检测操作

制订合理的试压工艺规程，并使压力缓慢地上升。应先缓慢升压至规定检测压力的

10%，保压 5～10min，并对所有焊缝和连接部位进行初次检查。如无泄漏，可继续升压到规定检测压力的 50%。如无异常现象，之后按规定检测压力的 10% 逐级升压，直至升到检测压力，保压 10min。然后，降到规定检测压力的 80%，保压足够时间进行检查，检查期间压力应保持不变。不得采用连续加压来维持检测压力不变。气压检测过程中严禁带压紧固螺栓。检查中不允许做任何敲击，也不允许在带压条件下进行返修。

1. 准备工作

工件：钢制压力容器，材质为 20G 钢，产品的设计压力为 0.4MPa，计算检测压力。检测压力为设计压力的 1.15 倍，即 $p_t = 1.15p = 1.15 \times 0.4MPa = 0.46MPa$。

设备：空气压缩机一台；压力表两只：量程为 0.6MPa、精度等级 1.5 级；钢制空气储罐一个（工作压力要高于 0.46MPa，容积为 1m³）；蝶阀两只（公称压力 0.6MPa，公称直径与连通管一致）；弹簧式安全阀两只（公称压力 1.0MPa，排泄压力调至 0.46MPa）。

2. 操作工作

（1）设备连接　将储气罐设置在空气压缩机与钢制压力容器之间，使压缩空气经储气罐输送到容器，保证压缩空气的稳定。在储气罐的气体出、入口处，各安装蝶阀 3 和蝶阀 7，在其顶部装上安全阀，并在输出端安装工作压力表 8 和监视压力表 9，在容器的顶部装上安全阀 10。设备连接示意图如图 3-7 所示。

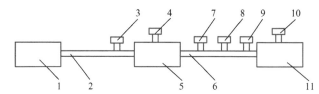

图 3-7　设备连接示意图
1—空气压缩机　2、6—连通管　3、7—蝶阀　4、10—安全阀
5—储气罐　8—工作压力表　9—监视压力表　11—钢制压力容器

（2）检测温度　气压检测气体温度不低于 15℃。

（3）检测步骤　检测压力缓慢上升，至规定检测压力的 10%，即 0.046MPa 时，保压 5～10min，然后对所有焊缝和连接部位进行初检，检查方法为将肥皂水涂至焊缝，看是否漏气，检查压力表压力示数是否下降。初检合格后，再继续升压至检测压力的 50%，即 0.23MPa，其后按检验压力的 10% 的级差增至检测压力 0.46MPa，保压 10min 后将压力降至设计压力，即 0.4MPa，关闭气阀，保压 30min 后检测。如果没有泄漏，压力表数值未下降，即为合格。

3. 气压检测的合格标准

气压检测应根据压力容器的类别执行《压力容器安全技术监察规程》《热水压力容器安全技术监察规程》《蒸汽压力容器安全技术监察规程》相应的标准和设计图样的要求，进行检测和结果评定。气压检测后，符合下列条件则气压检测为合格：保压期间压力表稳定；压力容器无异常响声；经肥皂液或其他检漏液检查均未发现漏气；升压过程中，无可见的变形；降压后，容器没有肉眼可以观察到的残余变形；对设计中要求测量残余变形的容器，径向变形率不得大于 0.03%。

三、压力检测与气密性检测的区别

1. 水压检测与气密性检测的区别

（1）检测目的不同　水压检测是对系统强度的检测，主要检查安装管道本体的强度；气密性检测是系统的泄漏检测，主要检查整个系统连接的密封情况。

（2）检测压力不同　水压检测压力应为设计压力的 1.5 倍。水压检测的压力比气密性检测的压力要高。气密性检测压力最大可取设计压力，一般不超过设计压力。

（3）检测时间不同　水压检测一般在管道安装完毕进行。气密性检测一般在系统清扫、清洗完毕后进行。通常情况下，气密性检测在强度检测（水压检测）合格后进行。

（4）参与部件不同　部分部件不参与水压检测，如调节阀和仪表等连接部件不能够与水接触。但所有部件都参与气密性检测。

2. 气压检测与气密性检测的区别

（1）性质不同　气压检测属于校核强度性检测，气密性检测属于泄漏检测。

（2）目的不同　气密性检测是检验压力容器的泄漏，特别是微小穿透性缺陷；气压检测是检验压力容器的耐压强度，侧重于设备的整体强度。

（3）使用介质不同　气压检测实际操作时一般采用空气作为检测介质；气密性检测除了空气外，如果介质毒性比较高，不允许有泄漏或易渗透，可采用氨气、卤素或氦气作为检测介质。

（4）安全附件要求不同　气压检测时，不需要在设备上安装安全附件；而一般情况下，气密性检测要安装好安全附件。

（5）顺序不同　气密性检测需要在气压或水压检测完成后进行。

（6）检测压力不同　气压检测压力为 1.15 倍的设计压力，内压设备则还需乘温度修整系数。气密性检测介质为空气时，检测压力为设计压力；如采用其他介质，还应根据介质情况来调整检测压力。

（7）应力校核要求不同　气压检测时，容器壳体的环向薄膜应力值不得超过检测温度下材料屈服强度的 80% 与圆筒的焊接接头系数的乘积。气密性检测则不需要。

根据有关规定，气密性检测之前，必须先经水压检测，合格后才能进行气密性检测；而已经做了气压检测且合格的产品，可以免做气密性检测。

● 自学自测 ●

1. 什么是泄漏检测？
2. 什么是水压检测？
3. 什么是气压检测？
4. 水压检测与气密性检测的区别有哪些？

• 任务实训 •

空气储罐结构的泄漏检测与耐压检测工作单

计划单

学习领域	焊接质量检验		
学习情境3	压力容器的泄漏、耐压和破坏性检测	任务1	空气储罐结构的泄漏检测与耐压检测
工作方式	由小组讨论，制订完成本小组实施计划	学时	1
完成人	1.　　2.　　3.　　4.　　5.　　6.		
计划依据	1. 被检工件的图样；2. 教师分配的工作任务		
序号	计划步骤		具体工作内容描述
	准备工作 （准备工具、材料，谁去做？）		
	组织分工 （成立组织，人员具体都完成什么？）		
	现场记录 （都记录什么内容？）		
	检测点标记 （如何标记？）		
	核对工作 （谁去核对，都核对什么？）		
	整理资料 （谁负责？整理什么？）		
制订计划说明	写出在制订计划过程中小组成员就如何完成任务提出的主要建议以及需要说明的事项		
计划评价	评语：		
班级		第　　组　组长签字	
教师签字		日期	

决策单

学习领域	焊接质量检验		
学习情境 3	压力容器的泄漏、耐压和破坏性检测	任务 1	空气储罐结构的泄漏检测与耐压检测
决策目的	确定本次检测人员分工及具体工作内容	学时	0.5
方案讨论		组号	

方案决策	组别	步骤顺序性	步骤合理性	实施可操作性	选用工具合理性	方案综合评价
	1					
	2					
	3					
	4					
	5					
	1					
	2					
	3					
	4					
	5					
	1					
	2					
	3					
	4					
	5					

方案评价	评语：

班级		组长签字		教师签字		月　日

工具单

场地准备	教学仪器 （工具）准备	资料准备
质检一体化教室	氮气罐、压力表、水桶、电动试压泵、压力表、加压管、通用接头、扳手、锤子、温度计、水温测量仪等	《国际焊接技师培训教程》相关的国内及国际标准

作业单

学习领域	焊接质量检验		
学习情境3	压力容器的泄漏、耐压和破坏性检测	任务1	空气储罐结构的泄漏检测与耐压检测
参加压力容器的泄漏、耐压和破坏性检测人员	第　　组		学时
			1
作业方式	小组分析，个人解答，现场批阅，集体评判		

序号	工作内容记录 （表面缺陷检测的实际工作）	分工 （负责人）
小结	主要描述完成的成果及是否达到目标	存在的问题

班级		组别		组长签字	
学号		姓名		教师签字	
教师评分		日期			

— 检查单 —

学习领域	焊接质量检验			
学习情境 3	压力容器的泄漏、耐压和破坏性检测	学时		20
任务 1	空气储罐结构的泄漏检测与耐压检测	学时		10
序号	检查项目	检查标准	学生自查	教师检查
1	任务书阅读与分析能力，正确理解及描述目标要求	准确理解任务要求		
2	与同组同学协商，确定人员分工	较强的团队协作能力		
3	查阅资料能力，市场调研能力	较强的资料检索能力和市场调研能力		
4	资料的阅读、分析和归纳能力	较强的分析报告撰写能力		
5	焊接质量检验的泄漏检测与耐压检测	质检工艺确定及操作的能力		
6	安全生产与环保	符合"5S"要求		
7	事故的分析诊断能力	事故处理得当		
检查评价	评语：			
班级		组别	组长签字	
教师签字			日期	

● 任务评价 ●

—— 评价单 ——

学习领域	焊接质量检验				
学习情境3	压力容器的泄漏、耐压和破坏性检测	任务1	空气储罐结构的泄漏检测与耐压检测		
评价学时		课内 0.5 学时			
班级：		第　　组			
考核情境	考核内容及要求	分值	学生自评（10%）	小组评分（20%）	教师评分（70%）	实得分
计划编制（20分）	资源利用率	4				
	工作程序的完整性	6				
	步骤内容描述	8				
	计划的规范性	2				
工作过程（40分）	工作完整性	10				
	工作质量	5				
	报告完整性	25				
团队情感（25分）	核心价值观	5				
	创新性	5				
	参与率	5				
	合作性	5				
	劳动态度	5				
安全文明（10分）	工作过程中的安全保障情况	5				
	工具正确使用和保养、放置规范	5				
工作效率（5分）	能够在要求的时间内完成，每超时 5min 扣 1 分	5				
总分（Σ）		100				

小组成员评价单

学习领域	焊接质量检验		
学习情境 3	压力容器的泄漏、耐压和破坏性检测	任务 1	空气储罐结构的泄漏检测与耐压检测
班级		第　　组　　成员姓名	
评分说明	每个小组成员评价分为自评和小组其他成员评价两部分，取其计算平均值，作为该小组成员的任务评价个人分数。评价项目共设计 5 个，依据评分标准进行量化打分。小组成员自评分后，再由小组其他成员以不记名方式打分		
对象	评分项目	评分标准	评分
自评 （100 分）	核心价值观（20 分）	是否有违背社会主义核心价值观的思想及行动	
	工作态度（20 分）	是否按时完成负责的工作内容、遵守纪律，是否积极主动参与小组工作，是否全过程参与，是否吃苦耐劳，是否具有工匠精神	
	交流沟通（20 分）	是否能良好地表达自己的观点，是否能倾听他人的观点	
	团队合作（20 分）	是否与小组成员合作完成任务，做到相互协作、互相帮助、听从指挥	
	创新意识（20 分）	看问题是否能独立思考、提出独到见解，是否能够用创新思维解决遇到的问题	
成员 1 （100 分）	核心价值观（20 分）	是否有违背社会主义核心价值观的思想及行动	
	工作态度（20 分）	是否按时完成负责的工作内容、遵守纪律，是否积极主动参与小组工作，是否全过程参与，是否吃苦耐劳，是否具有工匠精神	
	交流沟通（20 分）	是否能良好地表达自己的观点，是否能倾听他人的观点	
	团队合作（20 分）	是否与小组成员合作完成任务，做到相互协作、互相帮助、听从指挥	
	创新意识（20 分）	看问题是否能独立思考、提出独到见解，是否能够用创新思维解决遇到的问题	
成员 2 （100 分）	核心价值观（20 分）	是否有违背社会主义核心价值观的思想及行动	
	工作态度（20 分）	是否按时完成负责的工作内容、遵守纪律，是否积极主动参与小组工作，是否全过程参与，是否吃苦耐劳，是否具有工匠精神	
	交流沟通（20 分）	是否能良好地表达自己的观点，是否能倾听他人的观点	

（续）

对象	评分项目	评分标准	评分
成员 2 （100 分）	团队合作（20 分）	是否与小组成员合作完成任务，做到相互协作、互相帮助、听从指挥	
	创新意识（20 分）	看问题是否能独立思考、提出独到见解，是否能够用创新思维解决遇到的问题	
成员 3 （100 分）	核心价值观（20 分）	是否有违背社会主义核心价值观的思想及行动	
	工作态度（20 分）	是否按时完成负责的工作内容、遵守纪律，是否积极主动参与小组工作，是否全过程参与，是否吃苦耐劳，是否具有工匠精神	
	交流沟通（20 分）	是否能良好地表达自己的观点，是否能倾听他人的观点	
	团队合作（20 分）	是否与小组成员合作完成任务，做到相互协作、互相帮助、听从指挥	
	创新意识（20 分）	看问题是否能独立思考、提出独到见解，是否能够用创新思维解决遇到的问题	
成员 4 （100 分）	核心价值观（20 分）	是否有违背社会主义核心价值观的思想及行动	
	工作态度（20 分）	是否按时完成负责的工作内容、遵守纪律，是否积极主动参与小组工作，是否全过程参与，是否吃苦耐劳，是否具有工匠精神	
	交流沟通（20 分）	是否能良好地表达自己的观点，是否能倾听他人的观点	
	团队合作（20 分）	是否与小组成员合作完成任务，做到相互协作、互相帮助、听从指挥	
	创新意识（20 分）	看问题是否能独立思考、提出独到见解，是否能够用创新思维解决遇到的问题	
成员 5 （100 分）	核心价值观（20 分）	是否有违背社会主义核心价值观的思想及行动	
	工作态度（20 分）	是否按时完成负责的工作内容、遵守纪律，是否积极主动参与小组工作，是否全过程参与，是否吃苦耐劳，是否具有工匠精神	
	交流沟通（20 分）	是否能良好地表达自己的观点，是否能倾听他人的观点	
	团队合作（20 分）	是否与小组成员合作完成任务，做到相互协作、互相帮助、听从指挥	
	创新意识（20 分）	看问题是否能独立思考、提出独到见解，是否能够用创新思维解决遇到的问题	
最终小组成员得分			

● 课后反思 ●

学习领域		焊接质量检验		
学习情境 3	压力容器的泄漏、耐压和破坏性检测		任务 1	空气储罐结构的泄漏检测与耐压检测
班级		第　　组	成员姓名	
情感反思	通过对本任务的学习和实训，你认为自己在社会主义核心价值观、职业素养、学习和工作态度等方面有哪些需要提高的部分？			
知识反思	通过对本任务的学习，你掌握了哪些知识点？请画出思维导图。			
技能反思	在完成本任务的学习和实训过程中，你主要掌握了哪些技能？			
方法反思	在完成本任务的学习和实训过程中，你主要掌握了哪些分析和解决问题的方法？			

任务 空气储罐结构的破坏性检测

任务单

学习领域	焊接质量检验				
学习情境 3	压力容器的泄漏、耐压和破坏性检测	任务 2	空气储罐结构的破坏性检测		
任务学时	10 学时				
布置任务					
工作目标	根据不同的检测要求，学会破坏性检测操作，并能够记录操作工艺过程和数据，分析其力学性能，填写质量报告，完成焊缝质量的评定。				
任务描述	根据不同的检验要求，制作符合该检测标准的试样。操作前仔细阅读检验设备的使用说明书，按照相应的操作工艺步骤进行检验操作，记录操作工艺过程和数据并分析其力学性能，填写质量报告，完成焊缝质量的评定。				
学时安排	资讯 4 学时	计划 1 学时	决策 1 学时	实施 3 学时	检查 0.5 学时	评价 0.5 学时
提供资料	1.《国际焊接工程师培训教程》，哈尔滨焊培中心，2013。 2.《国际焊接技师培训教程》，哈尔滨焊培中心，2013。 3.《焊接检验》第 3 版，姚佳、李荣雪主编，机械工业出版社，2020。 4.《无损检测手册》第 2 版，李家伟主编，机械工业出版社，2012。 5. 利用网络资源进行咨询。				
对学生的要求	1. 焊接专业基础知识（焊接方法、工艺、生产），经历了专业实习，对焊接企业的产品及行业领域有一定的了解。 2. 具有独立思考、善于发现问题的良好习惯。能对任务书进行分析，能正确理解和描述目标要求。 3. 具有查询资料和市场调研能力，具备严谨求实和开拓创新的学习态度。				

资讯单

学习领域	焊接质量检验		
学习情境 3	压力容器的泄漏、耐压和破坏性检测	任务 2	空气储罐结构的破坏性检测
资讯学时	4		
资讯方式	在图书馆杂志、教材、互联网及信息单上查询问题；咨询任课教师		
资讯内容	知识点	拉伸检测	问题1：拉伸检测试样的制作要求是什么？
			问题2：拉伸试件截取的部位在哪里？
			问题3：拉伸检测使用的设备是什么？
			问题4：拉伸检测的操作步骤有哪些？
		弯曲检测	问题1：弯曲检测试样的制作要求是什么？
			问题2：弯曲试件截取的部位在哪里？
			问题3：弯曲检测使用的设备是什么？
			问题4：弯曲检测的操作步骤有哪些？
		冲击检测	问题1：冲击检测试样的制作要求是什么？
			问题2：冲击试件截取的部位在哪里？
			问题3：冲击检测使用的设备是什么？
			问题4：冲击检测的操作步骤有哪些？
	技能点	完成破坏性检测工艺编制，正确实施破坏性检测操作，能够对焊接检测结果做出正确评定。正确记录操作过程、检测结果，完成质量检测报告的正确填写。	
	思政点	1. 培养学生爱国情怀和民族自豪感，爱国敬业、诚信友善。 2. 培养学生树立质量意识、安全意识，认识到我们每一个人都是工程建设质量的守护者。 3. 培养学生具有社会责任感和社会参与意识。	
	学生需要单独资讯的问题		

知识点 **1** ▶▶ 破坏性检测

一、破坏性检测简介

破坏性检测是对从焊件或试件上切取的试样进行检测，以检验产品（或模拟体）的力学性能等的检测方法。破坏性检测结果是定量的，与使用情况往往是一致的，对产品设计、焊接材料的选用、焊接工艺的正确性将起到验证的作用，这对设计与标准化工作来说通常是很有价值的。常用的破坏性检测方法主要有拉伸检测、弯曲检测以及冲击检测。

破坏性检测只能用于抽样检验，需要证明该抽样能代表一整批产品的情况。检测过的产品不能再交付使用。通常不能对同一件产品进行重复性试验，而不同形式的试验可能要用不同的试样。对材料成本、生产成本很高或对利用率有限的零件，破坏性检测不太适用。不能直接测量运转使用期内的累计效应，只能根据所用过的不同时间的产品检测结果加以推断。检测用的试样需要经过一定的机械加工或其他方式制备得到，投资及人力消耗较高。

二、破坏性检测取样

1. 取样位置与数量

焊接接头包括焊缝、熔合区和热影响三个部分，其特点是存在金相组织与化学成分的不均匀性，从而导致力学性能的不均匀。另外，试件焊接接头位置的不同，焊接接头的力学性能测定值也不同。金属材料熔焊及压力焊焊接接头的拉伸、冲击和弯曲等试验的取样位置和试样数量，如图 3-8 和表 3-4 所示。焊接试件所用的母材、焊接材料、焊接工艺条件、焊前预热及焊后热处理都应与产品相同。

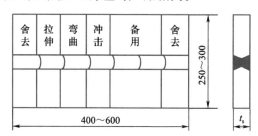

图 3-8　样品取样位置
舍去部分：手工焊≥30mm，自动焊≥40mm，如果有引弧板或引出板，可少舍去或不舍去

表 3-4　样品取样数量

类别			数量
拉伸			1
弯曲	$t_s \leqslant 20mm$	面弯	1
		背弯	1
	$t_s > 20mm$	侧弯	2

（续）

类别		数量
冲击	焊缝金属	3
	热影响区	3

2. 取样方法及取样尺寸

正确取样是关系焊接接头力学性能试验最终结果是再正确、合理的首要条件，因而掌握取样的原则十分重要。

1）当试板厚度 $t_s \leq 30mm$ 时，应采用全板厚单个试样，当试板厚度 $t_s > 30mm$ 时，根据实验条件可采用多片试样。采用多片试样时，应将焊接接头全厚度的所有试样组成一组作为一个试样。

2）试板厚度 t_s 为 10~20mm 时，可用一个面弯、一个背弯，两个侧弯代替面弯和背弯。

3）一般只进行焊缝金属的冲击试验，但对低温容器，还需增加热影响区的冲击试验。

表 3-5 给出了不同厚度试板的单边宽度尺寸，试板长度则应根据试样的尺寸、数量和切割方法统一考虑，试板两端不能利用的长度最小应不低于 25mm。试样切割可采用冷加工或热加工的方式。采用热加工时，应注意留有足够的加工余量，保证火焰切割时的热影响区不能影响性能试验结果。如切取的试样发生弯曲变形，除非取样部位随后要进行正火等处理不受影响，否则一般都不允许矫直。对于不同力学性能的试样，其取样方法也有不同的要求，需要根据相应的标准要求进行具体区分。

表 3-5　取样用焊接试板的最小宽度要求

试板厚 t_s/mm	试板单边宽度/mm
≤10	≥80
$10 < t_s \leq 24$	≥100
$24 < t_s \leq 50$	≥150
>50	≥200

知识点 ② ▶▶ 拉伸检测

一、拉伸检测分类

拉伸检测试样一般包括母材、焊接接头及焊缝熔敷金属的拉伸试验。它们的取样位置不同，相应检测性能也不同。母材拉伸检测用来检测材料强度和塑韧性；焊接接头拉伸试验用于评定焊缝或焊接接头的强度和塑性性能；焊缝及熔敷金属的拉伸试验只要求测定其拉伸强度及塑性。三种典型焊接拉伸试样如图 3-9 所示。

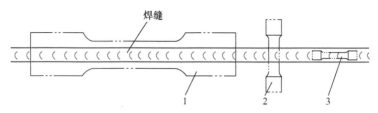

图 3-9　三种典型焊接拉伸试样
1—焊接接头纵向拉伸试样　2—焊接接头横向拉伸试样　3—焊缝金属拉伸试样

二、拉伸检测的常规程序（图 3-10）

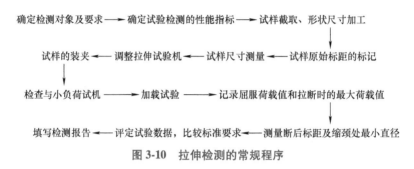

图 3-10　拉伸检测的常规程序

1. 拉伸试样的制备

（1）试样加工　拉伸试样上的焊缝余高应用机械方法去除，通常选择万能铣床进行铣削加工或利用刨床进行刨削加工，使焊缝与母材平齐，试样的棱角应倒圆，圆鱼半径不得大于 1mm。

（2）试样尺寸　试样的形式根据需要进行选用。

1）焊接接头试样。对于焊接接头来讲，常选用的是板形的拉伸试样，当试件采用两种或两种以上焊接方法（或焊接工艺）时，试样厚度通常为板厚或管厚。如果试板厚度超过 30mm，可以制取两个或几个试样依次进行拉伸试验，每个试样的厚度一般要相同，以取代试板全厚度的单个试样。两个或几个试样的受拉面应包括每一种焊接方法（或焊接工艺）的焊缝金属。

2）焊缝及熔敷金属的拉伸试样。焊缝及熔敷金属的拉伸试样夹持部分允许有未加工的焊缝表面或母材。

3）试样尺寸的测量。试样横截面尺寸应在标距的两端及中间处分别测量，并选用三处横截面面积测量中的最小值为试验实测值。测量试样原始横截面尺寸的量具最小刻度应符合表 3-6 的要求。试样横截面面积按下式计算：

板材　　　　　　　　　　　　$S_0 = a_0 b_0$ 　　　　　　　　　　（3-1）

圆钢　　　　　　　　　　　　$S_0 = \dfrac{1}{4}\pi d^2$ 　　　　　　　　　（3-2）

圆管　　　　　　　　　　　　$S_0 = \pi a_0 (D_0 - a_0)$ 　　　　　　　（3-3）

弧形　　　　　　　　　　　　$S_0 = a_0 b_0 \left[1 + \dfrac{b_0^2}{6 D_0 (D_0 - 2a_0)} \right]$ 　　（3-4）

式中　S_0——试样平行长度部分的原始横截面面积；

　　　a_0——试样的原始厚度；

　　　b_0——试样平行长度部分的原始宽度；

　　　d——试样的原始半径；

　　　D_0——管接头试样加工前试件的原始半径。

表 3-6　测量试样原始横截面尺寸的量具最小刻度值　　（单位：mm）

横截面尺寸范围	量具最小刻度值
1.0~2.0	0.005
2.0~10.0	0.01
>10.0	0.05

（3）试样原始标距的标记　采用两个或一系列等分小冲点或细线标出原始标距，标记不应该影响试样拉伸断裂。计算比例试样的原始标距时，对于短比例试样应修约到 5mm 的倍数，对于长比例试样应修约到 10mm 的倍数，为中间值则向较大一方修约。原始标记应精确到标记的±0.5%。为确保检测的准确性，测量试样尺寸的计量器由计量部门定期检定，周期为一年。

（4）按要求填写试验委托单　委托单的内容应包括委托单位、工件名称、试样编号、数量及规格，试样状态、试验项目及要求等。注意要试验的试样及委托单上必须有标记，委托单要随试样实物一起屈流转。试样实物及委托单一送检测部门进行拉伸试验。

2. 拉伸试验的操作程序

拉伸试验由检测部门专业技术检测人员进行操作，体操作程序如下。

1）准备试样。用刻线机在原始标距范围内画圆周线，将标距内分为等长的 10 格。用游标卡尺在试样原始标距内的两端中间处，沿两个相互垂直方向各测一次直径，取平均值作为该处的直径，然后选用三处截面直径的最小值来计算试件的原始横截面面积 S_0（取三位有效数字）。

2）调试验机。根据试样材料的抗拉强度和试件的最大载荷（由原始横截面面积估算）来配置相应的摆锤，选择合适的测力度器。使工作台上升 10mm 左右，以消除工作台系统自重的影响，调整主动指针使其对准零点，从动指针与主动指针靠拢，调整好自动绘图装置。

3）将试件装夹在夹头内。

4）请实验指导教师检查以上步骤完成情况。开动试验机，预加少量载荷（载荷对应的应力不能超过材料的比例极限），然后卸载到零，以检验试验机工作是否正常。

5）开动试验机，缓慢而均匀地加载，仔细观察测力指针转动和绘图装置绘图的情况。注意捕捉屈服荷载值 F_s，将其记录下来，以计算屈服强度 σ_s，在屈服阶段注意观察滑移现象。过了屈服阶段，加载速度可以快些。将要达到最大值时，注意观察"缩颈"现象。试件断后立即停机，并记录其最大荷载值 F_m。

6）取下试件，并通过计算机直接打印出试验记录纸（或取 F 记录纸）。

7）用游标卡尺测量断后标距 L_u。

8）游标卡尺测量缩颈处最小直径 d_u。

9）计算打抗拉强度、屈服强度、伸长率和收缩率数据（根据要求选择一项或几项），由计算机直接打印出试验数据。

抗拉强度 $\qquad\qquad\qquad \sigma_b = F_m/S_0 \qquad\qquad\qquad$ (3-5)

屈服强度 $\qquad\qquad\qquad \sigma_s = F_s/S_0 \qquad\qquad\qquad$ (3-6)

断后伸长率 $\qquad\qquad A = (L_u - L_0)/L_0 \times 100\% \qquad$ (3-7)

断面收缩率 $\qquad\qquad Z = (S_0 - S_u)/S_0 \times 100\% \qquad$ (3-8)

式中 $\quad \sigma_b$——抗拉强度（MPa）；

$\qquad \sigma_s$——屈服强度（MPa）；

$\qquad A$——断后伸长率；

$\qquad Z$——断面收缩率；

$\qquad S_0$——试样平行长度部分的原始横截面积（mm^2）；

$\qquad L_u$——试样断后标距（mm）；

$\qquad L_0$——试样原始标距（mm）；

$\qquad F_m$——最大荷载值（N）；

$\qquad F_s$——屈服点荷载值（N）；

$\qquad S_u$——试样伸断后最小横截面积（mm^2）。

10）检查拉伸试验试样的断口位置及形状。

3. 影响试验结果的主要因素

（1）拉伸速度的影响　若加载速度过快，测定的屈服强度和抗拉强度将都有不同程度的提高。

（2）试样形状、尺寸和表面粗糙度的影响　随试样直径的减小，其抗拉强度和断面收缩率会增大，对于脆性材料，随表面粗糙度值的增加，其强度和塑性都会降低。

（3）试样装夹的影响　在拉伸试验时，一般不允许对试样施加偏心力，偏心会使试样产生附加弯曲应力，影响试验结果，对脆性材料的影响更为显著。

4. 试验结果评定

拉伸试验一般只检测抗拉强度值。试样母材为同种钢材时，每个试样的抗拉强度应不低于母材钢材标准规定值的下限值；试样母材为两种钢材时，每个试样的抗拉强度应不低于两种钢材标准规定值下限的最低值；同一厚度方向上的两片试样的拉伸试验结果平均值应符合上述要求，且单片试样如果断在焊缝或熔合线以外的母材上，其最低值不得低于母材钢号标准规定值下限的95%（碳素钢）或97%（低合金钢和高合金钢）。

拉伸试验如不合格，取双倍试样进行复验。经复验不合格，则判该试件为不合格。

知识点 3 ▶▶ 弯曲检测

一、焊接接头弯曲试验分类

焊接接头的弯曲试验是测定焊接接头弯曲时的塑性及表面质量的工艺性能试验，以考核熔合区的熔合质量和发现内部焊接缺陷。许多焊接件在焊前或焊后要经过冷变形加工，材料或焊接接头能否经受一定的冷变形加工就要通过冷弯试验加以验证。弯曲试验的试样常采用对接接头形式，并有一定形状和尺寸要求，其在室温条件下被弯曲到出现第一条大于规定尺寸的裂纹的弯曲角度后，检查其是否出现开裂，或在室温条件下被弯曲到出现第一条大于规定尺寸的裂纹的弯曲角度作为评定标准，用来评价焊接接头各区域的塑性差别和显示受拉面的焊接缺陷。按《焊接接头弯曲试验方法》（GB/T 2653—2008）的要求，弯曲试验的试样分为横弯、纵弯和侧弯三种基本类型，如图 3-11 所示。

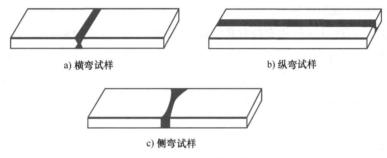

a) 横弯试样　　　　　　　　　　　　　b) 纵弯试样

c) 侧弯试样

图 3-11　弯曲试验的试样类型

弯曲试验主要采用三点弯曲和辊筒弯曲两种试验方法，工程上常使用的是三点弯曲试验方法。辊筒弯曲试验法特别适用于两种母材或母材和焊缝之间弯曲性能显著不同的横向弯曲试验。三点弯曲试验方法的操作过程是，将按规定制作的试样放置在压力机或万能材料试验机上，在规定的支点间距上用一定直径（d）的试验弯轴对试样施力，使其弯曲到规定的角度 α，如图 3-12 所示。然后卸除试验力，检查试样承受冷变形的能力。在钢板的检验中，弯轴直径 d、弯曲角度 α 与试样材料、厚度和焊接方法有关，见表 3-7。

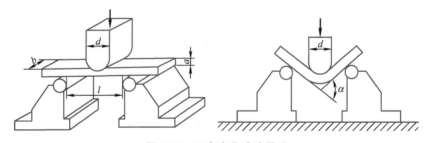

图 3-12　三点弯曲试验原理

表 3-7　焊接接头弯曲试验要求

钢种	弯轴直径/mm	支点间距离/mm	双面焊弯曲角度	单面焊弯曲角度
碳素钢、奥氏体钢	$3a$	$5.2a$	180°	90°
其他低合金钢、合金钢	$3a$	$5.2a$	100°	50°
复合板和堆焊层	$4a$	$6.2a$	180°	180°

二、弯曲试验的常规程序（图3-13）

确定检测对象及要求 —→ 确定试验检测的弯曲角度 —→ 试样截取、形状尺寸加工

加载试验 ←— 试机 ←— 试样的装夹 ←— 调整弯曲试验机 ←— 弯轴的选择

试样开裂位置确定 —→ 测量裂纹的尺寸 —→ 评定试验数据，比较标准要求 —→ 填写试验报告

图 3-13　弯曲试验的常规程序

1. 弯曲试验试样的制备

（1）截取　弯曲试样形式有板状和管接头条状两种，通常用板状弯曲试样。板状弯曲试样按照图3-8所示的弯曲位置截取；管接头条状试样只有在焊接工艺评定和焊工考试的试样中才使用，管接头条状试样按照 NB/T 47014—2011《承压设备焊接工艺评定》的要求截取弯曲试样样坯。弯曲试样样坯的宽度应大于试样的宽度（B）3~5mm，以保证加工的试样达到尺寸要求。

（2）试样加工　用机械加工去除试样焊缝余高。试样的拉伸面应该平齐且保留焊缝中至少一侧的母材原始表面，试样拉伸面的边缘应倒圆，圆角半径不得大于 2mm。试样的形状和尺寸根据材料的性质不同而有不同的要求。

2. 弯曲试验的操作程序

弯曲试验按照 GB/T 232—2010《金属材料　弯曲试验方法》、GB/T 2653—2008《焊接接头弯曲试验方法》等标准的规定实施。

（1）准备试件　用卡尺测量弯曲试样的尺寸，并根据试样的材质，选择弯曲试验的临界弯曲角度。

（2）调试验机

1）根据试样的规格，选择相应的弯曲装置，通常选择三点弯曲试验。

2）开动试验机，使工作台上升10mm左右，以消除工作台系统自重的影响。

（3）装夹试件　在三点弯曲试验中，先将试样放在试验机的两支座之上，试样轴线应与弯曲压头轴线垂直，弯曲压头中心应对准焊缝中央，且弯曲试样的拉伸面放置在试验弯轴接触面的对面，侧弯试验时，若试样表面存在缺陷，则以缺陷较严重的一侧作为拉伸面。

（4）试机　开动试验机，缓慢预加少量弯曲力，检查试验机工作是否正常。

（5）进行试验　开动试验机，缓慢而均匀地施加弯曲力，仔细观察试验机的弯曲压头与试样接触面的情况。注意观察，以防止弯曲压头产生滑移现象。弯曲压头在两支座之间的中点处对试样连续施加力使其弯曲，直至达到规定的弯曲角度 α 后，停止试验。

6）卸除试验力　检查试样变形情况及弯曲试样受拉面的开裂和其他缺陷的问题，并进行测量和记录。

3. 试验结果评定

对试验结果按有关标准或协议的规定进行评定。试样弯曲到规定角度 α 后，检查试

样的拉伸表面，一般试样的棱角开裂不计，但确因夹杂或其他焊接缺陷引起的棱角开裂长度应记入评定。弯曲试验结果一般分以下几种。

（1）A1 完好 试样弯曲处的外表面金属基体上无肉眼可见、因弯曲变形产生的缺陷。

（2）A2 微裂纹 试样弯曲外表面金属基体上出现的细小裂纹，其长度不大于 2mm，宽度不大于 0.2mm。

（3）A3 裂纹 试样弯曲外表面金属基体上出现开裂，其长度大于 2mm，而小于或等于 5mm；宽度大于 0.2mm，而小于或等于 0.5mm。

（4）A4 裂缝 试样弯曲外表面金属基体上出现明显开裂，其长度大于 5mm，宽度大于 0.5mm。

（5）A5 裂断 试样弯曲外表面出现沿宽度贯穿的开裂，其深度超过试样厚度的 1/3。

弯曲试验结果评定时，A1 完好评定为合格；按相关标准的要求，微裂纹、裂纹、裂缝中的长度和宽度，只要在规定范围内，即评定为合格，若其长度和宽度超出了标准的规定范围，即评定为不合格；A5 裂断评定为不合格。弯曲试验如不合格，需取双倍试样进行复验，经复验不合格，则判该试件为不合格。

有下列情况之一者检测无效，应取同样试样重新试验：试验缺陷点由加工伤痕引起（如其他标准另有规定时，按照标准的规定执行）；试验操作失误；焊接接头试样没有弯在规定位置上而被折断。

4. 撰写试验报告

试验报告一般应包括下列内容：国家标准编号，试样标志（材料牌号、取样方向等），试样形状和尺寸，试验条件（弯曲压头直径或弯轴直径、弯曲角度），试验结果。

知识点 4 ▶▶ 冲击检测

一、冲击检测的分类

冲击检测是一种动态力学性能试验，主要用来测定冲断一定形状的试样所消耗的能量，又称为冲击韧性试验。生产上常用来检验材料质量和热加工工艺质量，以及测定韧-脆转变温度，特别是焊接件冲击韧性。

根据试样的形状和破断方式，冲击检测分为弯曲冲击检测、扭转冲击检测和拉伸冲击检测三种。由于横梁式弯曲冲击试验法操作简单，因此应用最广。我国现行标准规定的冲击试验就是横梁式弯曲冲击试验，其试验所用标准试样以 V 型缺口试样和 U 型缺口试样为主。

冲击检测通常是一定温度下（如 0℃、-20℃、-40℃），把有缺口的试样放在冲击试验机上进行检测的。

二、冲击检测的常规程序（图3-14）

图3-14 冲击检测的常规程序

1. 冲击试样的制备

（1）试样加工 通常选用铣床加工试样，再选择磨床加工，使之表面粗糙度 R_a 值达到≤5μm的要求，端部除外。

（2）试样尺寸 为确保焊接接头热影响区及熔合区的冲击试样达到相应的尺寸要求，试样在缺口加工前，均加工成长方体，尺寸为（75~80）mm×（10±0.1）mm×（10±0.1）mm。再用专用显示剂显现焊缝，确定并划出缺口加工轴线，以缺口轴线为中心线加工，使试样尺寸达到（55±0.1）mm×（10±0.1）mm×（10±0.1）mm。

（3）试样缺口加工 选择专用的设备（缺口拉床）加工试样缺口，试样缺口应符合相应的尺寸要求。然后用冲击试样缺口投影仪检查试样缺口加工是否合格。冲击试样缺口投影仪是一种专用于检验夏比V型和U型缺口加工质量的光学仪器，该类仪器是利用光学投影方法将被测的冲击试样V型和U型缺口轮廓放大50倍后投射到投影屏上，与投影屏上的冲击试样V型和U型缺口标准板图对比，以确定被检测的试样缺口是否符合标准要求，其操作简便，对比直观。

（4）分组每个区3个试样一组。

2. 冲击试验操作

按 GB/T 2650—2008《焊接接头冲击试验方法》规定进行。

（1）记录试验温度 由于大多数材料冲击吸收能量随温度变化，因此试验应在规定温度下进行。用温度计测得室温为25℃，标准规定的室温冲击试验温度为23℃±5℃。

（2）试验前检查 试验前应检查摆锤空打时的回零差或空载能耗。同时，应检查砧座跨距，砧座跨距应保证在40mm±0.2mm以内。

（3）安装试样 在投影仪上检查试样V型缺口是否合格，再将合格的试样放到冲击试验机两砧座之间，用定位器确保试样放置到试验机的正确位置，试样应紧贴试验机砧座，试样缺口对称面与两砧座间的中点应相对应，缺口背向打击面放置。

（4）进行冲击试验 放锤冲击，用摆锤一次打击试样，锤刃沿缺口对称面打击试样缺口的背面，读取并记录每个试样冲击试验的冲击能量（测定试样的吸收能量），完成试验。

3. 试验结果评定

（1）试样的冲击吸收能量 读取并记录每个试样的冲击吸收能量，应至少估读到

0.5J 或 0.5 个标度单位（取两者之间较小值）。试验结果至少应保留两位有效数字，修约方法按《数值修约规则与极限数值的表示和判定》（CB/T 8170—2008）执行。

3 个试样为一组，并与试样母材钢种的冲击吸收能量比较。当设计图样有要求或材料标准规定要用冲击试验时，其合格标准应符合相应标准规定。每个区 3 个试样为一组的冲击吸收能量平均值应符合图样或相关技术文件规定，且不得低于母材规定值的下限。至多允许有 1 个试样的冲击吸收能量低于规定值，但不低于规定值的 70%。

（2）试样未完全断裂　对于试样试验后没有完全断裂，可以报出冲击吸收能量，或与完全断裂试样结果做平均处理后报出。由于试验机打击能量不足，试样未完成断开，吸收能量不能确定，实验报告应注明试样未断开。

（3）试样卡锤　如果试样卡在试验机上，试验结果无效，应彻底检查试验机，否则试验机的损伤会影响测量的准确性。

（4）断口检查　如断裂后检查显示出试样标记是在明显的变形部位，试验结果可能不代表材料的性能，应在检测报告中表明。

4. 撰写检测报告

检测报告应包括以下内容：执行的国家标准编号；试样相关资料（钢种、炉号等）；缺口类型（缺口深度）；与标准尺寸不同的试样尺寸；试验温度；每组冲击吸收能量的平均值；可能响试验的异常情况。

● 自学自测 ●

1. 什么是拉伸检测？

2. 什么是弯曲检测？

3. 什么是冲击检测？

4. 破坏性检测与非破坏性检测有哪些区别？

●任务实训●

空气储罐结构的破坏性检测工作单

计划单

学习领域	焊接质量检验		
学习情境3	压力容器的泄漏、耐压和破坏性检测	任务2	空气储罐结构的破坏性检测
工作方式	组内讨论、团结协作共同制定计划： 小组成员进行工作讨论，确定工作步骤。	学时	1
完成人	1.　　　2.　　　3.　　　4.　　　5.　　　6.		
计划依据	1. 被检工件的图样；2. 教师分配的工作任务		
序号	计划步骤		具体工作内容描述
	准备工作 （准备工具、材料，谁去做？）		
	组织分工 （成立组织，人员具体都完成什么？）		
	现场记录 （都记录什么内容？）		
	检测点标记 （如何标记？）		
	核对工作 （谁去核对，都核对什么？）		
	整理资料 （谁负责？整理什么？）		
制订计划说明	写出在制订计划过程中小组成员就如何完成任务提出的主要建议以及需要说明的事项		
计划评价	评语：		
班级		第　　组	组长签字	
教师签字			日期	

决策单

学习领域	焊接质量检验				
学习情境 3	压力容器的泄漏、耐压和破坏性检测		任务 2		空气储罐结构的破坏性检测
决策目的	确定本次检测人员分工及具体工作内容		学时		0.5
方案讨论			组号		
方案决策	组别	步骤 顺序性	步骤 合理性	实施 可操作性	选用工具 合理性	方案综合评价
	1					
	2					
	3					
	4					
	5					
	1					
	2					
	3					
	4					
	5					
	1					
	2					
	3					
	4					
	5					
方案评价	评语：					
班级		组长签字		教师签字		月　　日

工具单

场地准备	教学仪器 （工具）准备	资料准备
质检一体化教室	氮气罐、压力表、水桶、电动试压泵、压力表、加压管、通用接头、扳手、锤子、温度计、水温测量仪等	《国际焊接技师培训教程》相关的国内及国际标准

作业单

学习领域	焊接质量检验		
学习情境 3	压力容器的泄漏、耐压和破坏性检测	任务 2	空气储罐结构的破坏性检测
参加空气储罐的泄漏、耐压和破坏性检测人员	第　　组	学时	
			1
作业方式	小组分析，个人解答，现场批阅，集体评判		

序号	工作内容记录 （表面缺陷检测的实际工作）	分工 （负责人）
小结	主要描述完成的成果及是否达到目标	存在的问题

班级		组别		组长签字	
学号		姓名		教师签字	
教师评分		日期			

检查单

学习领域	焊接质量检验			
学习情境 3	压力容器的泄漏、耐压和破坏性检测		学时	20
任务 2	空气储罐结构的破坏性检测		学时	10
序号	检查项目	检查标准	学生自查	教师检查
1	任务书阅读与分析能力，正确理解及描述目标要求	准确理解任务要求		
2	与同组同学协商，确定人员分工	较强的团队协作能力		
3	查阅资料能力，市场调研能力	较强的资料检索能力和市场调研能力		
4	资料的阅读、分析和归纳能力	较强的分析报告撰写能力		
5	焊接质量检验的破坏性检测	质检工艺确定及操作的能力		
6	安全生产与环保	符合"5S"要求		
7	事故的分析诊断能力	事故处理得当		
检查评价	评语：			
班级		组别	组长签字	
教师签字			日期	

● 任务评价 ●

— 评价单 —

学习领域	焊接质量检验		
学习情境 3	压力容器的泄漏、耐压和破坏性检测	任务 2	空气储罐结构的破坏性检测
评价学时		课内 0.5 学时	
班级：		第 组	

考核情境	考核内容及要求	分值	学生自评（10%）	小组评分（20%）	教师评分（70%）	实得分
计划编制（20分）	资源利用率	4				
	工作程序的完整性	6				
	步骤内容描述	8				
	计划的规范性	2				
工作过程（40分）	工作完整性	10				
	工作质量	5				
	报告完整性	25				
团队情感（25分）	核心价值观	5				
	创新性	5				
	参与率	5				
	合作性	5				
	劳动态度	5				
安全文明（10分）	工作过程中的安全保障情况	5				
	工具正确使用和保养、放置规范	5				
工作效率（5分）	能够在要求的时间内完成，每超时5min扣1分	5				
总分（∑）		100				

小组成员评价单

学习领域	焊接质量检验		
学习情境 3	压力容器的泄漏、耐压和破坏性检测	任务 2	空气储罐结构的破坏性检测
班级		第　　　组　　成员姓名	
评分说明	每个小组成员评价分为自评和小组其他成员评价两部分，取其计算平均值，作为该小组成员的任务评价个人分数。评价项目共设计 5 个，依据评分标准进行量化打分。小组成员自评分后，再由小组其他成员以不记名方式打分		
对象	评分项目	评分标准	评分
自评 （100 分）	核心价值观（20 分）	是否有违背社会主义核心价值观的思想及行动	
	工作态度（20 分）	是否按时完成负责的工作内容、遵守纪律，是否积极主动参与小组工作，是否全过程参与，是否吃苦耐劳，是否具有工匠精神	
	交流沟通（20 分）	是否能良好地表达自己的观点，是否能倾听他人的观点	
	团队合作（20 分）	是否与小组成员合作完成任务，做到相互协作、互相帮助、听从指挥	
	创新意识（20 分）	看问题是否能独立思考、提出独到见解，是否能够用创新思维解决遇到的问题	
成员 1 （100 分）	核心价值观（20 分）	是否有违背社会主义核心价值观的思想及行动	
	工作态度（20 分）	是否按时完成负责的工作内容、遵守纪律，是否积极主动参与小组工作，是否全过程参与，是否吃苦耐劳，是否具有工匠精神	
	交流沟通（20 分）	是否能良好地表达自己的观点，是否能倾听他人的观点	
	团队合作（20 分）	是否与小组成员合作完成任务，做到相互协作、互相帮助、听从指挥	
	创新意识（20 分）	看问题是否能独立思考、提出独到见解，是否能够用创新思维解决遇到的问题	
成员 2 （100 分）	核心价值观（20 分）	是否有违背社会主义核心价值观的思想及行动	
	工作态度（20 分）	是否按时完成负责的工作内容、遵守纪律，是否积极主动参与小组工作，是否全过程参与，是否吃苦耐劳，是否具有工匠精神	
	交流沟通（20 分）	是否能良好地表达自己的观点，是否能倾听他人的观点	

（续）

对象	评分项目	评分标准	评分
成员 2 （100 分）	团队合作（20 分）	是否与小组成员合作完成任务，做到相互协作、互相帮助、听从指挥	
	创新意识（20 分）	看问题是否能独立思考、提出独到见解，是否能够用创新思维解决遇到的问题	
成员 3 （100 分）	核心价值观（20 分）	是否有违背社会主义核心价值观的思想及行动	
	工作态度（20 分）	是否按时完成负责的工作内容、遵守纪律，是否积极主动参与小组工作，是否全过程参与，是否吃苦耐劳，是否具有工匠精神	
	交流沟通（20 分）	是否能良好地表达自己的观点，是否能倾听他人的观点	
	团队合作（20 分）	是否与小组成员合作完成任务，做到相互协作、互相帮助、听从指挥	
	创新意识（20 分）	看问题是否能独立思考、提出独到见解，是否能够用创新思维解决遇到的问题	
成员 4 （100 分）	核心价值观（20 分）	是否有违背社会主义核心价值观的思想及行动	
	工作态度（20 分）	是否按时完成负责的工作内容、遵守纪律，是否积极主动参与小组工作，是否全过程参与，是否吃苦耐劳，是否具有工匠精神	
	交流沟通（20 分）	是否能良好地表达自己的观点，是否能倾听他人的观点	
	团队合作（20 分）	是否与小组成员合作完成任务，做到相互协作、互相帮助、听从指挥	
	创新意识（20 分）	看问题是否能独立思考、提出独到见解，是否能够用创新思维解决遇到的问题	
成员 5 （100 分）	核心价值观（20 分）	是否有违背社会主义核心价值观的思想及行动	
	工作态度（20 分）	是否按时完成负责的工作内容、遵守纪律，是否积极主动参与小组工作，是否全过程参与，是否吃苦耐劳，是否具有工匠精神	
	交流沟通（20 分）	是否能良好地表达自己的观点，是否能倾听他人的观点	
	团队合作（20 分）	是否与小组成员合作完成任务，做到相互协作、互相帮助、听从指挥	
	创新意识（20 分）	看问题是否能独立思考、提出独到见解，是否能够用创新思维解决遇到的问题	
最终小组成员得分			

● 课后反思 ●

学习领域	焊接质量检验		
学习情境 3	压力容器的泄漏、耐压和破坏性检测	任务 2	空气储罐结构的破坏性检测
班级		第　组	成员姓名	

情感反思	通过对本任务的学习和实训，你认为自己在社会主义核心价值观、职业素养、学习和工作态度等方面有哪些需要提高的部分？
知识反思	通过对本任务的学习，你掌握了哪些知识点？请画出思维导图。
技能反思	在完成本任务的学习和实训过程中，你主要掌握了哪些技能？
方法反思	在完成本任务的学习和实训过程中，你主要掌握了哪些分析和解决问题的方法？

参 考 文 献

[1] 赵熹华. 焊接检验 [M]. 北京：机械工业出版社，2010.

[2] 乌日跟. 焊接质量检测 [M]. 北京：化学工业出版社，2009.

[3] 戴建树. 焊接生产管理与检测 [M]. 北京：机械工业出版社，2004.

[4] 李亚江. 焊接质量控制与检测 [M]. 北京：化学工业出版社，2006.

[5] 鲍爱莲. 焊接检验 [M]. 哈尔滨：哈尔滨工业大学出版社，2012.

[6] 陈祝年. 焊接工程师手册 [M]. 北京：机械工业出版社，2002.

[7] 李家伟. 无损检测手册 [M]. 北京：机械工业出版社，2004.

[8] 邵泽波. 无损检测技术 [M]. 北京：化学工业出版社，2003.

[9] 李国华. 现代无损检测与评价 [M]. 北京：机械工业出版社，2009.

[10] 王仲生. 无损检测诊断现场 [M]. 北京：机械工业出版社，2003.